光谱百问

(德)Dirk Näther(德克·纳特) 张 轩 张海蓉 编著

·北京·

内容简介

《光谱百问》是一本涵盖光学理论和实践指导的知识集锦。

本书通过不同的章节，进行各个光谱仪器领域的介绍，如高分辨荧光光谱、拉曼光谱、紫外-可见吸收光谱、红外光谱、瞬态吸收光谱等。在不同的光谱仪器领域的介绍中，既涵盖基础知识点的详细阐述，又包含配置选型和测试方法的建议。

研读《光谱百问》，可系统地解答您在初涉光谱研究时遇到的疑问，如发光、光致发光、荧光和磷光之间的区别，什么是拉曼光谱、什么是瞬态吸收光谱、卡莎法则、量子产率的概念等。在科研测试的工作中，面临的一些困惑，如光致发光的测试中如何选择合适的检测器、如何消除二阶衍射，以及如何避免内滤效应等，本书中也有专业的建议和指导。

本书可以作为高校、科研机构等相关分子光谱仪器使用者的基础理论、日常操作的指导用书；也可供从事分子光谱仪器的测试分析人员、科研人员参考，用以仪器选型以及测试结果分析。

图书在版编目（CIP）数据

光谱百问 /（德）德克·纳特，张轩，张海蓉编著.
北京：化学工业出版社，2025.3. -- ISBN 978-7-122-47286-1

Ⅰ. O433-44

中国国家版本馆 CIP 数据核字第 2025955WD4 号

责任编辑：马泽林　杜进祥　　　文字编辑：杨凤轩　师明远
责任校对：王　静　　　　　　　装帧设计：刘丽华

出版发行：化学工业出版社
　　　　　（北京市东城区青年湖南街13号　邮政编码100011）
印　　装：中煤（北京）印务有限公司
710mm×1000mm　1/16　印张12¾　字数202千字
2025年5月北京第1版第1次印刷

购书咨询：010-64518888　　　　　售后服务：010-64518899
网　　址：http://www.cip.com.cn
凡购买本书，如有缺损质量问题，本社销售中心负责调换。

定　　价：129.00元　　　　　　　　　　　　版权所有　违者必究

前言

从著名科学家牛顿在1666年用三棱镜观察到光谱以来，众多科学家从事光谱学方面的研究，并将其应用到更多领域的研究分析工作中。光谱分析是指根据物质的光谱来鉴别物质及确定它的化学组成和相对含量，其突出优点是灵敏、迅速。作为现代分析化学的一个分支体系，光谱分析不仅在现代科学的研究和发展中发挥着重要的作用，它是一门分析技术，也是一门科学。它为我们揭开自然和生活的神秘面纱，探求分子领域的千万可能，领略微区光影世界的妙不可言。

根据研究光谱方法的不同，习惯上把光谱学分为发射光谱学、吸收光谱学与散射光谱学。这些不同种类的光谱学，从不同的方面提供了物质微观结构的信息。光谱分析按产生光谱的基本微粒的不同，可以分为原子光谱和分子光谱。天美集团旗下英国爱丁堡仪器公司（以下简称EI），在分子光谱领域已经有超过50年的仪器设计、研发和应用经验；在岁月中积淀、在经验中总结；EI的分子光谱研究工作者，将多年的分子光谱分析理论和实践经验，以文字的方式进行表述和总结，给使用光谱仪器进行测试分析的科研同仁一些有价值的参考内容。

本书以EI分子光谱仪器的测试和使用为基础，着重于光谱分析的理论知识和光谱仪器的实践指导；从仪器设计者和实际应用的角度，推荐合适的测试技巧、解决方案以及模块化配置。与其他同类参考书籍相比，本书更倾向于科研前沿的高端光谱分析与应用的介绍。本书主要分为三大章进行编写：第1章主要介绍光学分析和使用光学仪器时涉及的一些基本概念、基础理论；第2章主要介绍分子光谱的测试和分析技术；第3章主要介绍分子光谱仪器操作过程中的测试技巧以及测试实例。每章具体内容的编写大致以荧光、拉曼、紫外-可见、瞬态吸收、红外这几部分依次进行。

本书是在英国爱丁堡仪器公司Dirk Näther（德克·纳特）博士的英文资料基础上，由天美公司总裁张海蓉女士、科研市场部张轩总监协助编写而成的。英文资料的书写和整理由英国爱丁堡仪器公司Dirk Näther（德克·纳特）博士团队的Euan Shaw博士、Stuart Thomson博士和Alison Mcdonald博士完成，天美公司科研市场部刘冉、孙玉琳进行全书的资料统筹和英文翻译工作，科研市场部王晨晨、李朝霞、易阳萍、杨子育参与翻译和校核工作。谨在此对大家的辛勤工作和支持，致以诚挚的谢意！

限于编著者的水平，书中难免存在疏漏之处，敬请读者批评指正。

编著者
2025年1月

目录

第1章 分子光谱基本概念 001

1.1 发光、光致发光、荧光和磷光 002
- 1.1.1 什么是发光 002
- 1.1.2 什么是光致发光 003
- 1.1.3 什么是荧光和磷光 004

1.2 吸收光谱、激发光谱和发射光谱 007
- 1.2.1 什么是吸收光谱 007
- 1.2.2 什么是激发光谱 008
- 1.2.3 什么是发射光谱 009

1.3 雅布隆斯基能级图 010
- 1.3.1 雅布隆斯基能级图的由来 010
- 1.3.2 雅布隆斯基能级图的构成 012

1.4 卡莎法则 015
- 1.4.1 什么是卡莎法则 015
- 1.4.2 蒽溶液中的卡莎法则 017
- 1.4.3 什么是瓦维洛夫规则 019

1.5 热激活延迟荧光 019
- 1.5.1 什么是OLED 019
- 1.5.2 什么是OLED中三重态能级 020
- 1.5.3 什么是TADF机制 021

1.6 上转换发光 022
- 1.6.1 什么是激发态吸收上转换 023
- 1.6.2 什么是能量转移上转换 023
- 1.6.3 什么是光子雪崩上转换 024
- 1.6.4 什么是三重态-三重态湮灭上转换 025
- 1.6.5 上转换应用实例：镱铒掺杂氟钇化钠 026

1.7 量子产率 027
1.7.1 什么是量子产率 027
1.7.2 量子产率的由来 029
1.7.3 如何测试量子产率 029

1.8 相对量子产率 031
1.8.1 什么是相对量子产率 031
1.8.2 什么是荧光项 032
1.8.3 什么是吸光度项 032
1.8.4 什么是折射率项 033
1.8.5 对三联苯的相对量子产率的计算 033
1.8.6 相对量子产率的测试建议 036
1.8.7 荧光项的推导过程 036
1.8.8 吸光度项的推导过程 037
1.8.9 折射率项的推导过程 038

1.9 荧光寿命 040
1.9.1 什么是激发态分布 040
1.9.2 什么是单指数衰减 041
1.9.3 什么是多指数衰减 043
1.9.4 什么是非指数衰减 044

1.10 荧光寿命成像 046
1.10.1 什么是FLIM共聚焦显微镜 046
1.10.2 什么是FLIM采集 047
1.10.3 如何进行FLIM分析 048

1.11 斯托克斯位移 049
1.11.1 什么是荧光光谱中的斯托克斯位移 049
1.11.2 什么是拉曼光谱中的斯托克斯位移 054

1.12 光学显微镜 055
1.12.1 什么是正置显微镜与倒置显微镜 055
1.12.2 什么是反射照明与透射照明 056
1.12.3 什么是明场照明与暗场照明 058

1.13 显微镜中的激光光斑尺寸 060
1.13.1 什么是艾里斑 060
1.13.2 光斑与激光波长 062

1.13.3	什么是物镜的数值孔径	063
1.14	**显微分辨的瑞利准则**	**064**
1.14.1	什么是点扩散函数	064
1.14.2	什么是分辨率	065
1.14.3	什么是瑞利准则	066
1.14.4	什么是斯派罗准则	067
1.14.5	什么是阿贝准则	068
1.14.6	什么是半峰宽	069
1.15	**红外光谱**	**071**
1.15.1	什么是红外光谱	071
1.15.2	红外光谱和拉曼光谱	072
1.15.3	什么是傅里叶变换红外光谱仪	073
1.15.4	红外光谱常用测试方法	075
1.15.5	红外光谱的解析	078
1.16	**朗伯-比尔定律**	**079**
1.16.1	什么是透过率和吸光度	079
1.16.2	什么是朗伯-比尔定律	080
1.17	**瞬态吸收光谱**	**082**
1.17.1	瞬态吸收的由来	082
1.17.2	什么是时间尺度和闪光光解	083
1.17.3	什么是瞬态吸收光谱	083
1.18	**激光诱导荧光光谱**	**084**
1.18.1	激光诱导荧光光谱的由来	085
1.18.2	激光诱导荧光光谱的类型	085
1.18.3	激光诱导荧光光谱解决方案	086
参考文献		**088**

第2章 分子光谱测试技术

2.1	**光谱仪**	**094**
2.1.1	光学光谱仪的工作原理	094
2.1.2	光学光谱仪的类型	096
2.1.3	什么是紫外-可见分光光度计	096
2.1.4	什么是荧光光谱仪	098

  2.1.5 什么是拉曼光谱仪 098
 2.2 荧光测试和仪器 **099**
  2.2.1 荧光光谱仪介绍 100
  2.2.2 激发和发射光谱 101
 2.3 FLS1000检测器的选择 **102**
  2.3.1 样品的发射波长范围 102
  2.3.2 样品是否高亮 103
  2.3.3 量子产率的测试需求 104
  2.3.4 样品寿命的时间尺度 105
 2.4 时间相关的单光子计数 **106**
  2.4.1 TCSPC的电子部分 107
  2.4.2 TCSPC的工作模式 108
  2.4.3 TCSPC的时间分辨率和寿命范围 109
 2.5 TCPSC进行荧光寿命的测试 **110**
  2.5.1 TCSPC的测量 111
  2.5.2 TCSPC的时间分辨率 112
  2.5.3 TCSPC的噪声统计 112
  2.5.4 TCSPC的动态范围 112
  2.5.5 TCSPC的时间范围 113
  2.5.6 TCSPC的稳定性 113
 2.6 多通道缩放扫描技术 **113**
  2.6.1 MCS技术的工作原理 114
  2.6.2 MCS技术如何进行磷光寿命测试 115
  2.6.3 MCS技术与TCSPC技术 116
 2.7 荧光寿命标准数据表 **117**
 2.8 拉曼光谱和拉曼散射 **118**
  2.8.1 什么是拉曼光谱 118
  2.8.2 什么是拉曼位移 120
  2.8.3 拉曼光谱测试的振动模式 121
  2.8.4 四氯化碳的拉曼光谱 121
 2.9 共振拉曼光谱 **122**
 2.10 表面增强拉曼散射 **124**
  2.10.1 什么是SERS 124

2.10.2	什么是SERS效应的机理	125
2.10.3	什么是SERS基底	126
2.10.4	什么是表面增强共振拉曼散射	127

2.11 共聚焦显微拉曼技术以及光谱仪   128

2.11.1	什么是共聚焦显微拉曼光谱仪	129
2.11.2	共聚焦显微拉曼光谱仪的组成	129

2.12 拉曼光谱的空间分辨率   132

2.12.1	什么是横向分辨率	132
2.12.2	什么是纵向分辨率	134

2.13 针孔在共聚焦显微拉曼技术中的作用   135

2.13.1	共聚焦针孔的意义	135
2.13.2	什么是光学切片和深度剖面	135
2.13.3	什么是针孔尺寸和轴向分辨率	137
2.13.4	什么是横向分辨率和对比度	138

2.14 拉曼光谱测试中激光器的选择   139

2.14.1	激光器的选择与拉曼光谱强度	140
2.14.2	激光器的选择与荧光背景	141
2.14.3	激光器的选择与样品	142

2.15 拉曼光谱测试中检测器的选择   144

2.15.1	什么是CCD	144
2.15.2	什么是EMCCD	145
2.15.3	什么是前照式与背照式CCD	147
2.15.4	什么是增强型CCD	151
2.15.5	什么是InGaAs检测器	151

2.16 拉曼光谱仪的光谱分辨率   152

2.16.1	狭缝尺寸	153
2.16.2	衍射光栅	154
2.16.3	光谱仪焦距	155
2.16.4	检测器	155
2.16.5	激发激光器	156

参考文献   156

第3章
分子光谱操作及测试实例

3.1 荧光光谱中的激发校正 160
- 3.1.1 测试激发光谱时的激发侧校正 160
- 3.1.2 测试发射光谱时的激发侧校正 161

3.2 荧光光谱中的发射校正 163
- 3.2.1 为什么需要发射校正 163
- 3.2.2 发射校正曲线 164
- 3.2.3 校正与未校正发射光谱的对比 166

3.3 荧光样品测试指南 167

3.4 测试荧光光谱的常见问题 169
- 3.4.1 荧光光谱失真、出现意外的峰位或台阶，如何处理 169
- 3.4.2 荧光发射信号过低，如何处理 169
- 3.4.3 检测器饱和，如何处理 170

3.5 内滤效应 170
- 3.5.1 什么是内滤效应 170
- 3.5.2 如何避免内滤效应 171

3.6 二级衍射 171
- 3.6.1 荧光光谱中的二级衍射 173
- 3.6.2 使用滤光片塔轮消除二级衍射 174

3.7 荧光发射光谱中的拉曼散射 176
- 3.7.1 什么是拉曼散射的影响 177
- 3.7.2 如何判别拉曼散射 178
- 3.7.3 如何除去拉曼散射 179

3.8 拉曼光谱测试实例 180
- 3.8.1 偏振拉曼光谱 180
- 3.8.2 SERS技术的动力学测试 181
- 3.8.3 高分辨率扩展扫描 182
- 3.8.4 如何减少荧光背景干扰 182

3.9 红外光谱测试实例 183
- 3.9.1 ATR-FTIR技术在生物液体研究中的应用 183
- 3.9.2 ATR-FTIR技术在塑料制品鉴别中的应用 186
- 3.9.3 ATR-FTIR技术在活性药物成分的识别中的应用 188
- 3.9.4 FT-PL技术在中红外发光材料测试中的应用 190

参考文献 192

第1章

分子光谱基本概念

1.1 发光、光致发光、荧光和磷光
1.2 吸收光谱、激发光谱和发射光谱
1.3 雅布隆斯基能级图
1.4 卡莎法则
1.5 热激活延迟荧光
1.6 上转换发光
1.7 量子产率
1.8 相对量子产率
1.9 荧光寿命
1.10 荧光寿命成像
1.11 斯托克斯位移
1.12 光学显微镜
1.13 显微镜中的激光光斑尺寸
1.14 显微分辨的瑞利准则
1.15 红外光谱
1.16 朗伯-比尔定律
1.17 瞬态吸收光谱
1.18 激光诱导荧光光谱
参考文献

1.1

发光、光致发光、荧光和磷光

发光、光致发光、荧光和磷光通常用于描述物质发出的光,不同学科背景的研究人员偏向使用固定的描述方式。

1.1.1 什么是发光

发光是物质的一种非热辐射的光发射(图1-1)。这个定义使发光有别于白炽灯发光(白炽灯由于物质的温度升高而发出光,如同炽热的炭火)。发光这个词来自拉丁文中的光"lumen"和过程"escentia",指发出光的过程。

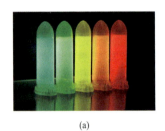 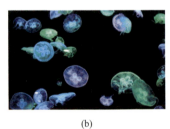 

(a) (b) (c)

图1-1 发光示例

(a) 量子点半导体的光致发光;(b) 水母的化学发光(生物发光);
(c) 有机发光二极管手机显示屏的电致发光

发光的类型多种多样,可以通过激发的来源分类。图1-2为发光的类型及激发源。这些发光过程具有重要的科学和工业应用。例如:①电致发光,在材料上施加电压后,电子和空穴复合而发光(即发光二极管的工作原理);②化学发光,光发射由化学反应引发并用于生物分析中。本节的重点是光致发光,光致发光是非破坏性光谱技术的基础,并在学术界和工业界得到了广泛应用。

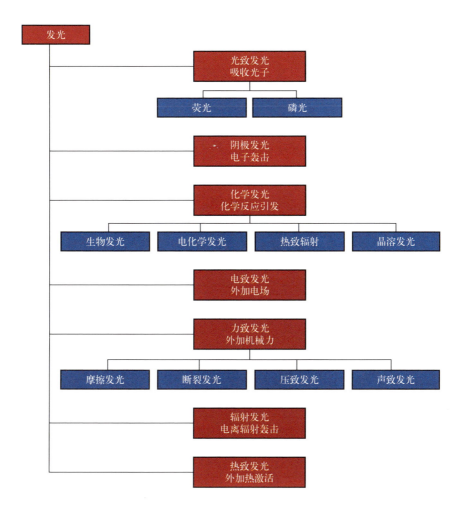

图1-2 发光的类型及激发源

1.1.2 什么是光致发光

光致发光是材料吸收光后发出的光,它由拉丁文派生的单词"luminescence"和希腊文前缀"photo-"组合而成。任何由吸收光子引起的发光都被称为光致发光(简称PL)。如溶液中有机染料分子的发光[图1-3(a)],或半导体被光激发后电子和空穴的带间复合而发光[图1-3(b)]。将任何光子吸收引起的光发射描述为光致发光都是准确的,通常化学材料领域的研究者更喜欢将光致发光进一步地细分为荧光和磷光。

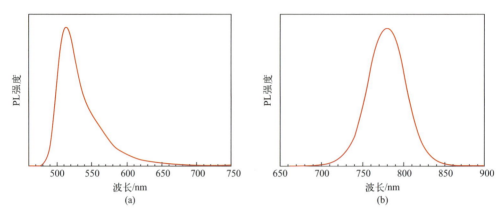

图1-3 光致发光的示例

（使用爱丁堡FLS1000光致发光光谱仪测量）

(a) 荧光素在PBS缓冲液中的光致发光光谱；(b) 钙钛矿半导体的光致发光光谱

1.1.3 什么是荧光和磷光

荧光和磷光的定义有很多，一般来说，荧光是指物质在光激发后发生的快速光致发光，而磷光是在光激发停止后很长时间持续发出的长寿命光致发光。这是一个简单区分荧光和磷光的定义，但它并不能解释为什么光致发光的时间尺度会出现这样的差异，一些材料会在经典荧光和磷光时间尺度之间陷入灰色区域。基于发射过程中涉及的激发态和基态的量子力学理论，荧光和磷光可以分别定义为辐射跃迁不需要改变自旋多重性的光致发光和辐射跃迁涉及改变自旋多重性的光致发光。

荧光和磷光常用于指分子系统的光致发光。稳定分子中的电子成对存在（带有未配对电子的分子非常活泼且不稳定）。电子具有"自旋"的固有角动量，一对电子分别处于两种自旋状态之一（两个电子自旋的相对对称性）。如果两个自旋电子处于反对称构型，则电子对的总自旋量子数为零（$S=0$）；如果它们处于对称构型，则电子对的总自旋量子数为1（$S=1$）。如图1-4所示，有一种电子自旋状态的组合是反对称的，三种自旋状态的组合是对称的，因此$S=0$和$S=1$态分别称为单重态（也称单线态）和三重态（也称三线态）。

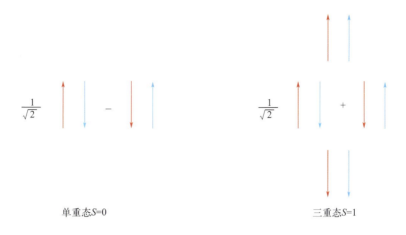

图1-4 单重态和三重态的电子自旋

当光子被分子吸收时,其中一个电子被激发到更高的能级,分子处于激发态。分子的基态(几乎)总是单重态(S_0),由于角动量守恒,激发态也必须是单重态(S_1),如图1-5所示。S_1辐射跃迁回S_0是被允许的跃迁(因为这两种状态具有相同的自旋多重性),在皮秒到纳秒的时间尺度内发生迅速的光致发光过程,称为荧光,如图1-6(a)所示。

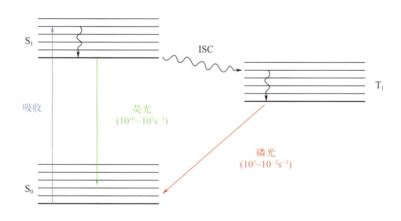

图1-5 荧光和磷光过程的雅布隆斯基能级图及典型速率常数

分子也可能经历系间窜跃(ISC)到激发三重态(T_1)。ISC通常发生在具有高度自旋-轨道耦合的分子中,即电子的轨道角动量和自旋角动量耦合,这允许电子在单重态和三重态之间进行转换。自旋轨道耦合强度随着原子质量的增加而增加,因此,可以产生磷光的分子通常含有重金属元素。由于角动量守恒,T_1 向 S_0 的跃迁是一种禁止的跃迁,因为能级具有不同的自旋多重性。但自旋轨道耦合放宽了这种限制,使电子从 T_1 到 S_0 的辐射跃迁成为可能,T_1 到 S_0 的跃迁产生的光致发光会在更慢的时间尺度上发生,从微秒到秒,称为磷光,如图1-6(b)所示。

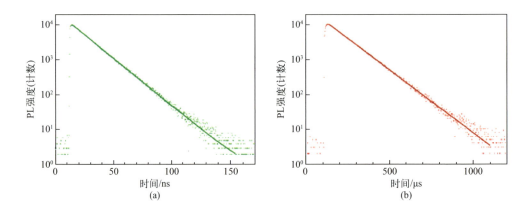

图1-6 寿命为16ns的9-氨基吖啶溶液的荧光衰减(a);
寿命为120μs的Eu_2O_3溶液的磷光衰减(b)

(使用爱丁堡FLS1000光致发光光谱仪测量)

某些材料的发光现象并不能全部归为荧光或磷光,如热激活延迟荧光(TADF)。在TADF中,S_1 和 T_1 能级在能量上接近且强耦合,因此从 T_1 到 S_1 的反ISC是可能的。这会导致延迟的 S_1 到 S_0 的跃迁,从而在荧光和磷光之间的时间尺度上产生光致发光,称为延迟荧光。

将发光描述为光致发光或者细化为荧光、磷光,取决于个人习惯或者研究领域。主要研究分子系统的化学、生物领域更倾向于使用荧光和磷光的概念,因为在这些高度局域化的分子系统中有不同的单重态和三重态。相比之下,物理领域主要研究半导体材料,半导体材料电子高度离域,与单重态和三重态的概念不相关。这是为什么物理学研究者更倾向于使用更广泛的光致发光来描述光发射的原因之一。

1.2 吸收光谱、激发光谱和发射光谱

1.2.1 什么是吸收光谱

吸收光谱（如紫外-可见吸收光谱）显示了样品吸光度随入射光波长的变化（图1-7），可以使用分光光度计进行测量（图1-8）。

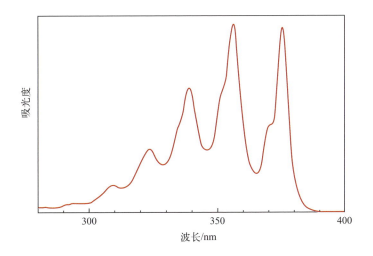

图1-7　使用爱丁堡FS5荧光光谱仪（配置吸收检测器）测量的环己烷中蒽的吸收光谱

（实验参数：$\Delta\lambda=1\mathrm{nm}$）

使用单色器改变入射光的波长并在检测器上记录透射光的强度，测量样品的吸收光谱。记录透过样品的光强度 I_{Sample}（例如溶解在溶剂中的分析物）和透过空白（溶剂）的光强度 I_{Blank}，并使用以下公式计算样品的吸光度（A）：

$$A = \lg\left(\frac{I_{\mathrm{Blank}}}{I_{\mathrm{Sample}}}\right)$$

吸光度与样品的物质的量浓度成线性比例；通过朗伯-比尔定律，利用吸收光谱计算样品的浓度。

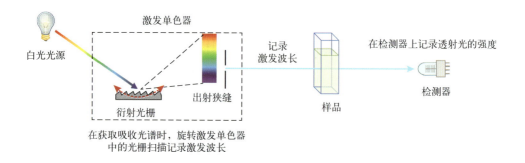

图1-8 在分光光度计中测量吸收光谱的示意图

1.2.2 什么是激发光谱

荧光激发光谱是激发光波长函数的荧光强度变化（图1-9），并使用荧光光谱仪进行测量。

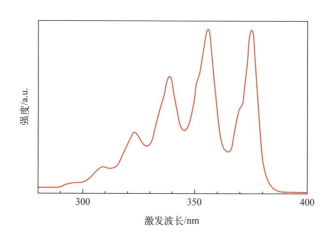

图1-9 使用爱丁堡FS5荧光光谱仪测量环己烷中蒽的荧光激发光谱

（实验参数：λ_{em}=420nm，$\Delta\lambda_{em}$=1nm，$\Delta\lambda_{ex}$=1nm）

发射单色器的波长设置为样品已知的荧光发射波长，激发单色器设置在所需的激发波长范围内进行扫描，荧光强度作为激发波长的函数记录在检测器上（如图 1-10）。如果样品完全遵循卡莎法则和瓦维洛夫规则，那么激发光谱和吸收光谱将是相同的（比较图 1-7 和图 1-9）。在这种情况下，激发光谱可以被认为是荧光相关的吸收光谱。

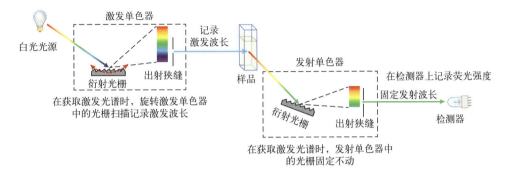

图 1-10　荧光光谱仪中激发光谱的测量示意图

1.2.3　什么是发射光谱

荧光发射光谱是发射光波长函数的荧光强度变化（图 1-11），并使用荧光光谱仪进行测量。

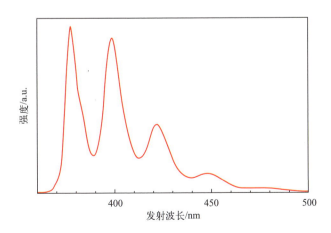

图 1-11　使用爱丁堡 FS5 荧光光谱仪测量环己烷中蒽的荧光发射光谱

（实验参数：λ_{ex}=340nm，$\Delta\lambda_{ex}$=1nm，$\Delta\lambda_{em}$=1nm）

激发单色器的波长设定为样品已知的吸收波长，发射单色器的波长设置在所需的发射波长范围内进行扫描，检测器上记录的荧光强度作为发射波长的函数（图1-12）。

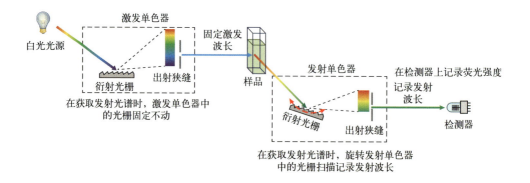

图1-12　荧光光谱仪中发射光谱的测量示意图

1.3 雅布隆斯基能级图

雅布隆斯基能级图在荧光光谱中广泛使用，用来说明分子的激发态以及它们之间可能发生的辐射和非辐射跃迁。

1.3.1　雅布隆斯基能级图的由来

雅布隆斯基能级图以波兰物理学家亚历山大·雅布隆斯基［Aleksander Jabłoński，见图1-13（a）］的名字命名。亚历山大·雅布隆斯基对荧光光谱做出了许多开创性的贡献，被誉为荧光光谱之父。他攻读博士学位时期的工作专注于"激发光波长变化对荧光光谱的影响"，并提供了荧光光谱与激发光波长无关的实验证明。

亚历山大·雅布隆斯基对荧光光谱学最显著的贡献为加深了对溶液中荧光偏振理论的理解、提出了浓度猝灭的概念以及用来解释光谱和荧光动力学、延迟荧光和磷光的著名能级图[1]。

该能级图被称为Perrin-Jabłoński图,以表彰1926年诺贝尔物理学奖得主——法国物理学家让·佩兰[Jean Baptiste Perrin,见图1-13(b)]在荧光发展过程中的重要贡献,以及他的儿子弗朗西斯·佩兰[Francis Perrin,见图1-13(c)]在20世纪20年代和30年代对荧光理论做出的巨大贡献[2]。让·佩兰引入了分子间共振能量转移的概念,并发展了一种解释热激活延迟荧光的理论,通过开发猝灭的活性球模型,建立荧光量子产率和寿命之间的关系以及荧光偏振理论[2]。

(a)　　　　　　　　　(b)　　　　　　　　　(c)

图1-13　Aleksander Jabłoński(a)(1898—1980);Jean Baptiste Perrin(b)(1870—1942);Francis Perrin(c)(1901—1992)

Jean Perrin首先使用分子能级图说明光的吸收和发射[3],然后,在弗朗西斯·佩兰的博士论文中对活性球模型和图进行了更详细的解释:从亚稳态回到基态的过程,导致在更长波长下发生第二发射路径(磷光)。随后,该能级图在A.Terenin、G.N.Lewis和M.Kasha的努力工作中得到继续发展,他们确定亚稳态实际上是三重态[3]。因此,现代能级图是由Terenin、Lewis和Kasha完善修改的Perrin-Jabłoński图。

1.3.2 雅布隆斯基能级图的构成

雅布隆斯基能级图是一个实用的工具，可以直观地分析分子被光激发后可能发生的跃迁。图 1-14 显示了一个典型的 Jabłoński 能级图，下文解释该图的重要组成和可能的转变过程。

（1）能级

分子的能级用水平黑线表示；其中能量沿着图的纵轴增加。粗线表示每个电子态的最低振动能级，而较高的振动能级由较细的线表示。随着能量的增加，振动能级之间的距离越来越近，并最终形成一个连续体；为了清楚起见，图中只表示了这些振动能级的一个子集。电子态的命名基于自旋角动量构型。单重态（总自旋角动量为零）用 S 表示，三重态（总自旋角动量为 1）用 T 表示：

S_0 是分子单重态的基态；

S_1 是第一激发单重态，S_n 是第 n 激发单重态；

T_1 是第一激发三重态，T_n 是第 n 激发三重态。

（2）辐射和非辐射跃迁

如图 1-14 所示，彩色箭头表示可以在分子状态之间传递能量的各种跃迁，分为辐射跃迁和非辐射跃迁。辐射跃迁是两种分子状态之间的跃迁，其中能量差被光子发射或吸收，在雅布隆斯基能级图中用直箭头表示。非辐射跃迁是两种分子状态之间的跃迁，没有光子的吸收或发射，在雅布隆斯基能级图中用波浪箭头表示。

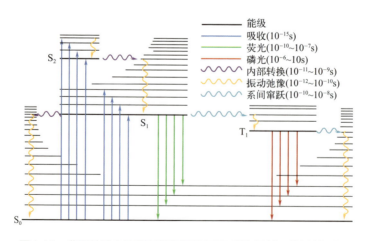

图 1-14　典型的雅布隆斯基能级图所示可能的辐射和非辐射跃迁

① 吸收

辐射跃迁是分子从较低电子态到较高电子态，光子的能量被转换成分子内能的跃迁。

通过吸收光子，分子从基态提升到更高的状态，如图1-14中的蓝色直箭头所示。这是雅布隆斯基能级图中最快的跃迁，发生在10^{-15}s量级的时间尺度上。在室温下，大多数分子处于基态的最低振动水平（玻尔兹曼分布），因此吸收显示从这一能级开始。光子的吸收促使分子从S_0跃迁到激发单重态（S_1，S_2…）之一的振动能级。由于角动量守恒，激发三重态（T_1，T_2…）不能直接被激发。

② 振动弛豫

振动弛豫为在同一电子状态下向较低振动能级跃迁的非辐射跃迁。

当一个分子通过吸收被提升到激发态后，它处于非平衡状态，最终耗散其获得的能量并返回基态。能量损失的第一种方式是通过振动弛豫（黄色波浪箭头），其中过量的振动能量损失到同一分子内（分子内）或周围分子（分子间）的振动模式，直到达到电子态的最低振动水平。振动弛豫发生在10^{-12}~10^{-10}s的快的时间尺度上，并超过除吸收外的其他跃迁。

③ 内部转换

内部转换为自旋多重度相同的两个电子态之间的非辐射跃迁。

处于较高位置的单重态的分子也可能发生内部转换为较低位置的单重态，如图1-14中的紫色波浪箭头所示。内部转换之后紧接着振动弛豫到电子态的最低振动水平。内部转换速率与两个电子态之间的能隙成反比。紧密间隔的较高激发单重态的内部转换（$S_3 \rightarrow S_2$，$S_2 \rightarrow S_1$等）将在10^{-11}~10^{-9}s的时间尺度上快速进行。相反，S_1和S_0之间的能隙要宽得多，这些状态之间的内部转换发生在较慢的时间尺度上，并且与其他跃迁（如荧光和系统间交叉）竞争。

④ 荧光

荧光为自旋多重度相同的两个电子态之间的辐射跃迁。

发射光子的S_1回到S_0的辐射跃迁称为荧光，它发生在10^{-10}~10^{-7}s的时间尺度上，如图1-14中的绿色直箭头所示。作为快速振动弛豫和内部转换过程的结果，除特殊情况外，荧光是电子从第一激发单重态的最低振动能级回到基态时发射的。发射荧光之前的能量损失是著名的卡莎法则的依据，该法则指出："发光（荧光或磷光）仅在给定多重态的最低激发态产生可观的产量时才发生[4]；且，荧光发生在比吸收更长的波长处。"

⑤ 系间窜跃

系间窜跃为两种等能量振动能级之间的非辐射跃迁，具有不同自旋多重度的电子态。

除荧光和内部转换过程外，还可能发生另一种能量转换，即电子从 S_1 到 T_1 状态的系间转换，如图 1-14 中的浅蓝色波浪箭头所示。由于自旋角动量守恒，这种转变原则上是被禁止的；然而，自旋角动量和轨道角动量之间的自旋-轨道耦合使"禁止"变得微弱。系间窜跃过程与其他 S_1 去势转换（内部转换和荧光）过程相竞争，时间尺度相对慢（与大多数纯有机分子体积无关）（然而，将重原子掺入分子中，增加自旋-轨道耦合强度从而可以增加系间窜跃过程发生的机会）。在系间窜跃过程后，分子将立即经历振动弛豫，达到 T_1 振动能级。

⑥ 磷光

磷光为自旋多重度不同的两个电子态之间的辐射跃迁。

发射光子的 T_1 回到 S_0 的跃迁过程称为磷光。磷光原则上是一种禁止跃迁（系统间交叉），但通过自旋-轨道耦合是微弱允许的。被禁止跃迁导致磷光速率常数非常低，因此磷光发生在比荧光更长的时间尺度上，典型的磷光寿命在 $10^{-6} \sim 10s$ 范围内。

(3) 延迟荧光

第三种类型的辐射跃迁称为延迟荧光，在图 1-14 中没有显示，但延迟荧光的过程也是可能发生的。延迟荧光发生时，分子从 T_1 状态跃迁到 S_1 状态，然后辐射跃迁回到 S_0，这导致发射波长与标准荧光相同，但它发生在更长的时间尺度上，故称为延迟荧光。如图 1-15 所示，延迟荧光采用以下两种不同的机制：

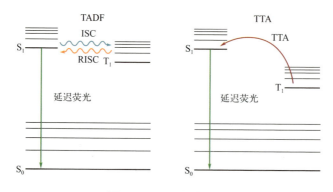

图 1-15 延迟荧光机制

① 热激活延迟荧光（E型延迟荧光） 在热激活延迟荧光（TADF）中，分子通过反系间窜跃（RISC）过程从T_1状态转变回S_1状态。热激活延迟荧光中的RISC过程是热激活的，因为分子必须具有足够的热能来克服S_1和T_1状态之间的能隙。为了实现有效反系间窜跃，能隙应与热能kT相当，在室温下约为25meV。这种机制也被称为"E型延迟荧光"，首次在伊红中观察到[3]。

② 三重态-三重态湮灭（P型延迟荧光） 第二种延迟荧光是三重态-三重态湮灭（TTA），其中两个处于T_1状态的分子经历能量转移，一个分子跃迁到S_1状态，而另一个分子返回到S_0状态。它也被称为P型延迟荧光，首次在芘中观察到。

辐射和非辐射跃迁的跃迁类型和时间尺度，如表1-1所示。

表1-1 辐射和非辐射跃迁类型和时间尺度

跃迁类型	时间尺度/s	类型
吸收	10^{-15}	辐射
振动弛豫	$10^{-12} \sim 10^{-10}$	非辐射
荧光	$10^{-10} \sim 10^{-7}$	辐射
内部转换	$10^{-11} \sim 10^{-9}$	非辐射
系间窜跃	$10^{-10} \sim 10^{-8}$	非辐射
磷光	$10^{-6} \sim 10$	辐射

卡莎法则

1.4.1 什么是卡莎法则

迈克尔·卡莎（图1-16）是美国著名的分子光谱学家，以他的名字命名的卡莎法则是荧光光谱学的主要原理之一。卡莎在著名化学家G.N.刘易斯的指导下完成了磷光发射理论的博士论文，共同发表了第一篇正确识别磷光源自三重态的论文[5-6]。1950年卡莎发表了一篇关于"复杂分子中电子跃迁的表征"的重要论文[7]，该论文讲述了如何从复杂分子的荧光发射光谱中解释和得出结论，并包含了现在被称为卡莎法则的第一个陈述。

图1-16　迈克尔·卡莎（1920—2013）[5]

在1950年卡莎撰写的"卡莎法则"中写道：

"The emitting level of a given multiplicity is the lowest excited level of that multiplicity."

多重态的发射能级来自多重态的最低激发能级。

多重态指的是能级的自旋角动量（单重态的多重态为1，三重态的多重态为3）。因此，卡莎法则表明，无论分子被激发到哪个初始能级，荧光总是源于最低激发单重态能级S_1的振动基态，而磷光源于最低激发三重态能级T_1的振动基态。

卡莎法则：在复杂分子中，较高电子能级的内部转换和振动弛豫速率常数明显大于从这些能级返回基态的发射速率常数（图1-17）。两个电子能级之间的内部转换速率与这些能级之间的能量差成反比（能隙定律）。S_0和S_1具有最大的能量差，内部转换速率常数与荧光速率常数相当，因此$S_1 \rightarrow S_0$的荧光发射可被观测。更高的电子激发态能量更接近，会经历更快的内部转换，超过荧光的速率常数。

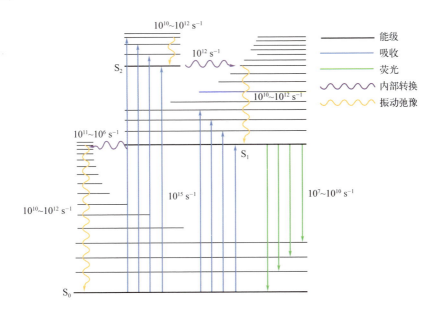

图1-17　Perrin-Jabłoński能级图解释卡莎法则

因此，当一个分子被激发到一个更高的激发单重态S_n时，它会在发射荧光前迅速经历内部转换和振动弛豫，到S_1的振动基态，并且只有$S_1 \rightarrow S_0$可以观察到荧光。

溶液中几乎所有的分子都遵循卡莎法则，但和大多数科学"法则"一样，也会有特例存在。最著名的例外是薁（azulene），它具有$S_2 \rightarrow S_0$的荧光发射。这是因为其S_2和S_1之间能带隙差异非常大，导致能级之间的内部转换缓慢[8]。

1.4.2　蒽溶液中的卡莎法则

为了证明卡莎法则，使用爱丁堡FS5荧光光谱仪测量了蒽溶液的吸收光谱和荧光发射光谱，如图1-18所示。蒽的吸收光谱显示为黑线，在约250nm处有两个电子吸收带，对应于$S_0 \rightarrow S_2$跃迁；在300～380nm之间，对应$S_0 \rightarrow S_1$跃迁。为了使显示的谱图更加清晰，将$S_0 \rightarrow S_1$的吸收强度放大十倍。因为$S_0 \rightarrow S_1$的吸收强

度比 $S_0 \to S_2$ 的吸收强度弱很多。

黑色箭头指示的位置显示了用于测量荧光发射光谱的激发波长，红线为荧光发射光谱。同样为了显示得更加清晰，将 $S_1 \to S_0$ 跃迁产生的荧光信号放大十倍。图 1-18 显示荧光发射总是发生在 370~450nm，无论分子最初是被激发到 S_2 还是 S_1 态，即样品蒽遵循卡莎法则。

图 1-18 同时表明，电子从 S_1 的任意振动能级返回 S_0 的过程不影响荧光发射光谱（S_1 能级内部快速振动弛豫）。荧光发射总是从 S_1 的振动基态发生，并且每个分子具有独特的荧光光谱。

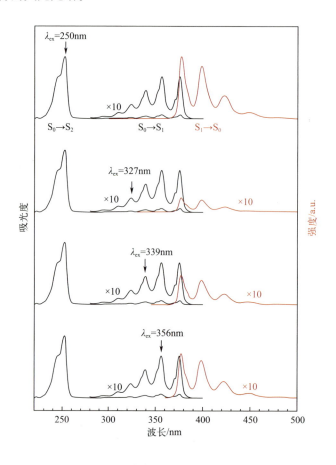

图 1-18　蒽溶液中卡莎法则的说明

（蒽溶解于环己烷中，在 376nm 处光密度为 0.1。使用爱丁堡 FS5 荧光光谱仪测定其吸收光谱和荧光发射光谱）

1.4.3 什么是瓦维洛夫规则

如图1-18所示，荧光发射光谱的强度与蒽在每个激发波长处的吸光度成线性关系。换句话说，荧光量子产率与激发波长无关，这是著名的瓦维洛夫规则。瓦维洛夫规则（或被称为卡莎-瓦维洛夫规则）以物理学家谢尔盖·伊万诺维奇·瓦维洛夫（1891—1951）的名字命名，其定义为[4]：

"发光的量子产率与激发辐射的波长无关。"

在卡莎法则的许多表述中，量子产率随波长的不变性是不正确的。大多数分子同时遵守卡莎法则和瓦维洛夫法则，但也有例外。例如，在芘中，荧光发射光谱的位置和形状与激发波长无关，但荧光的量子产率取决于激发波长，这是由于来自较高的电子激发态使其产生额外非辐射复合。因此，芘符合卡莎法则，但不符合瓦维洛夫法则。

1.5 热激活延迟荧光

热激活延迟荧光（TADF）是一种通过收集三重态激子提高有机发光二极管（OLED）效率的机制。因此，TADF在OLED界引起了广泛的兴趣，对TADF和OLED的研究是爱丁堡FS5荧光光谱仪和FLS1000光致发光光谱仪的热门应用方向。

1.5.1 什么是OLED

OLED是一种发光二极管，其发光层由碳基（有机）半导体组成，其通常是芳香族小分子，与传统LED中使用的无机晶体半导体不同。由于OLED显示屏（图1-19）与传统的LCD显示屏相比，具有功耗低、亮度高、重量轻和对比度高等特点，现在经常用于智能手机和高端电视[9]。

图1-19 OLED显示屏

1.5.2 什么是OLED中三重态能级

在OLED中,电压施加在有机半导体层上,引起电子和空穴的注入。这些电子和空穴穿过半导体,然后彼此相遇并形成一个电子-空穴对,称为激子(图1-20)。电子和空穴是具有半整数自旋量子数的费米子,根据两个自旋的相对方向,激子可以为总自旋量子数为0($S=0$)的单重态激子,也可为总自旋量子数为1($S=1$)的三重态激子。如图1-20所示,有三种半整数自旋量子数的组合形成$S=1$的激子,而只有一种组合形成$S=0$的激子(因此被称为三重态和单重态)。这意味着,在OLED中形成的激子有75%处于三重态,只有25%处于单重态。这是制造高效OLED的一个主要问题,因为由于角动量守恒,从三重态(T_1)到单重态(S_0)的辐射跃迁是禁阻的。因此,注入设备的75%的电子和空穴被浪费了,OLED的最大内部量子效率被限制在25%[图1-21(a)]。

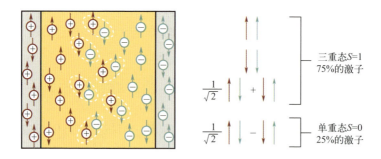

图1-20 OLED中的三重态

(根据自旋统计学,在OLED内部形成的激子有75%将处于三重态)

解决量子效率低的第一个方向是从第一代 OLED 中使用的纯有机化合物转向含有重金属（如铱）的有机化合物。重金属的使用增加了激子自旋角动量和轨道角动量之间的自旋-轨道耦合（SOC）。SOC 导致从 T_1 到 S_0 的辐射转变不再是严格禁阻的，因此 T_1 能级成为发射能级 [图 1-21（b）]。此外，SOC 促进了 S_1 和 T_1 之间的系间窜跃（ISC），进一步填充了 T_1 能级，使用这种机制的 OLED 被称为第二代或 PhOLED，其内部量子效率接近 100%。

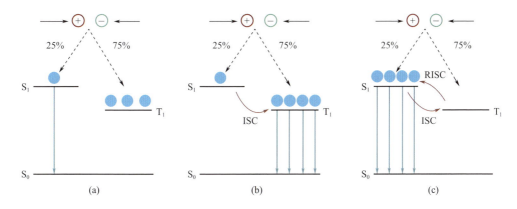

图 1-21　第一代、二代和三代 OLED 的工作原理

(a) 第一代 OLED 荧光；(b) 第二代 OLED 磷光；(c) 第三代 OLED 热激活延迟荧光

OLED 显示器的每个像素实际上是由三个独立的 OLED 组成的，分别为红色、绿色、蓝色。商用 OLED 显示器中使用的绿色和红色发射体都是第二代磷光材料，因此效率很高。而制造一个稳定的深蓝色磷光发射体极具挑战性，到目前为止还没有找到合适的第二代蓝色发射体。商用显示器被迫使用低效的第一代蓝色荧光发射体，因此蓝色 OLED 比红色和绿色消耗更多的能量。对于电池寿命至关重要的便携式电子产品来说，降低能耗十分重要。因此，高效蓝色发射体的问题亟待解决。

1.5.3　什么是 TADF 机制

解决高效蓝色发射体的一个思路是放弃磷光发射体，转向表现出热激活延迟荧光（TADF）现象的荧光发射体。TADF 的概念最早由 Perrin 等人在 1929 年提出[10]，并在整个20世纪进行研究[11-12]。2012年，Chihaya Adachi利用TADF机制创造一个不使用磷光的高效OLED[13]，从此，TADF得到了广泛的关注，目前，世界各地的许多研究小组进行相关研究。

对TADF机制的简化描述：在TADF发射体中，S_1和T_1能级强耦合以实现两个能级间的ISC。此外，分子被设计成S_1和T_1之间的能量差（ΔE_{ST}）比典型的有机分子小得多，高效TADF的ΔE_{ST}约小于100meV[13]。这种小能量带隙促使反系间窜跃（RISC）的发生，其中激子在热激活过程中从T_1能级转换为S_1［图1-21 (c)］。一旦进入S_1能级，激子可以通过荧光衰减跃迁回S_0基态。由于RISC是一个缓慢的过程，比直接在S_1能级下产生的激子荧光发生得晚，因此被称为延迟荧光（如果需要对TADF的许多细微差别进行细致的探究，推荐Penfold等人的TADF理论概述[14]）。

通过TADF机制，可以实现100%的内部量子效率，人们希望TADF能够实现稳定和高效率的蓝色发射体。许多公司正在积极研究TADF，努力将蓝色TADF发射体推向市场，其中，德国显示屏材料Cynora GmbH公司致力于蓝色TADF发射体的研发制造。Cynora公司是爱丁堡荧光光谱仪的客户，他们使用FS5荧光光谱仪来帮助TADF新材料的开发。

1.6 上转换发光

上转换发光是指连续吸收两个或两个以上长波长光子，发射出较短波长的光。不同于发射总是发生在更长吸收波长（斯托克斯位移）的发光情况，上转换发光也被称为反斯托克斯发光。上转换是通过光子的连续吸收发生的，不同于同时吸收两个光子的双光子过程。

上转换有许多重要的医学和技术应用，例如使用上转换纳米颗粒改进生物成像和传感[15]、增强太阳能电池的光收集[16]、在光动力治疗癌症中具有更深的组织渗透[17]，等等。

有序无机材料中，通过基质掺杂稀土，有三种主要的上转换机制，分别为激发态吸收、能量转移和光子雪崩[18]。在分子系统中，第四种类型三重态湮灭也会发生。

1.6.1　什么是激发态吸收上转换

如图1-22所示，为三能级系统进行激发态吸收上转换（ESA）的简单机制。发射的中心离子最初处于基态能级（1），第一个光子的吸收将其激发至中间激发态能级（2）。如果中心离子在弛豫回到基态之前吸收了第二个光子，将被激发到更高的能级（3）。然后，中心离子辐射跃迁回到基态（1），导致一个光子发射，其能量是两个被吸收光子的两倍。为了实现ESA，中心离子在能级（2）必须有足够长的寿命，光子通量必须足够高，以便在能级（2）弛豫回到基态之前吸收第二个光子。

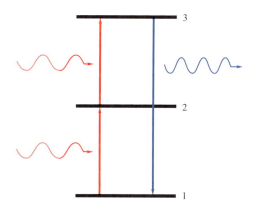

图1-22　激发态吸收上转换[18]

（红色箭头表示吸收光子，蓝色箭头表示发射光子）

1.6.2　什么是能量转移上转换

在能量转移上转换（ETU）中，使用敏化剂和发射体（通常是两种不同类型的稀土离子）来产生上转换。最简单的ETU结构如图1-23（a）所示。敏化剂首先吸收一个光子，然后被激发至其激发态。然后将能量转移（ET）到发射体，将其激发至中间激发态能级（2），敏化剂无辐射跃迁回到基态。然后，第二个敏化剂吸收光子，ET将其激发到更高的激发态能级（3），并从该激发态释放出更高能量的光子。ET也可以与其他过程［如图1-23（b）所示］一起发生。为了使ETU有效，敏化剂和发射体必须在空间上接近，以便ET能够发生，并且发射体的中间激发态的能量必须低于敏化剂的激发态，以提供能量驱动力。

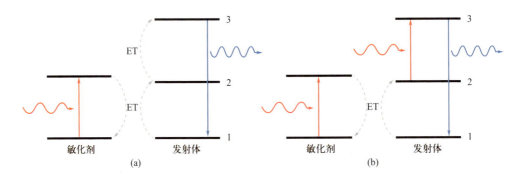

图1-23　连续能量转移上转换（a）和能量转移后激发态吸收上转换（b）[20]

1.6.3　什么是光子雪崩上转换

光子雪崩上转换（PA）是一种不太常见的机制，会发生在激光腔内。PA机制基于材料中紧密间隔的离子之间的交叉弛豫能量转移（CR-ET）[18]。最初，所有离子都处于基态能级（1），在某个时刻，其中一个离子被激发到能级（2），然后通过ESA激发至能级（3）。通过CR-ET过程，离子可以回到能级（2），同时促进相邻离子进入能级（2）。这两个离子可以再经历ESA，然后通过CR-ET，与其他相邻的两个离子作用，导致四个离子均处于能级（2）。依此类推，直到材料中的所有离子都处于能级（2）。这种上转换是直接通过激发态吸收从能级（2）跃迁至能级（3），而不是先发生任何基态吸收（图1-24）。

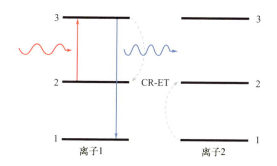

图1-24　光子雪崩上转换[18]

1.6.4　什么是三重态-三重态湮灭上转换

在分子系统中，激发态局部强化，导致了不同的单重态和三重态，并导致分子系统的ETU变化，称为三重态-三重态湮灭（TTA）。TTA是一种双分子机制，其中一个敏化剂分子吸收光子，另一个发射体分子进行TTA并发射上转换光子。敏化剂首先吸收一个光子，使其进入激发单重态（S_1），然后通过系间窜跃（ISC）进入三重态（T_1）。能量从敏化剂的三重态转移至发射体，将发射体激发至T_1。第二对发射体-敏化剂重复此过程。最后，两个发射体进行TTA，一个发射体跃迁到S_1，另一个回到基态。跃迁至S_1中的发射体分子辐射弛豫回到基态，发射出高能光子（图1-25）。

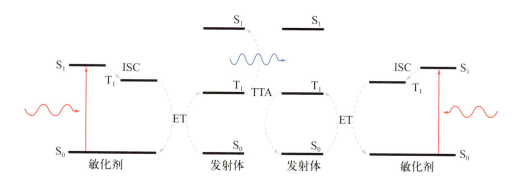

图1-25　三重态-三重态湮灭上转换的示意图

1.6.5　上转换应用实例：镱铒掺杂氟钇化钠

镱铒共掺杂四氟钇化钠（$NaYF_4$）（$NaY_{0.77}Yb_{0.20}Er_{0.03}F_4$）是经典的上转换材料之一。$NaY_{0.77}Yb_{0.20}Er_{0.03}F_4$ 是 $NaYF_4$ 的六方晶格，其中 20% 的 Y^{3+} 被 Yb^{3+} 取代，3% 被 Er^{3+} 取代（图 1-26）。

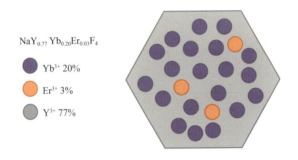

图 1-26　镱铒共掺杂四氟钇化钠的组成（$NaY_{0.77}Yb_{0.20}Er_{0.03}F_4$）

$NaY_{0.77}Yb_{0.20}Er_{0.03}F_4$ 的上转换通过 ET 机制进行，Yb^{3+} 是敏化剂，Er^{3+} 是发射体。980nm 激光可以激发 Yb^{3+} 的 $^2F_{7/2} \rightarrow {}^2F_{5/2}$ 跃迁，第一个 ET 过程使 Er^{3+} 跃迁到 $^4I_{11/2}$ 能级。此时，Er^{3+} 可以进行无辐射弛豫至 $^4I_{13/2}$ 能级，然后第二个 ET 过程将其激发至 $^4F_{9/2}$ 能级，也可以将它从 $^4I_{11/2}$ 激发至 $^4F_{7/2}$ 状态后无辐射跃迁到 $^2H_{11/2}$ 和 $^4S_{3/2}$ 能级。Er^{3+} 从这三个能级辐射弛豫回到 $^4I_{15/2}$ 状态，释放出高能量光子（图 1-27）。

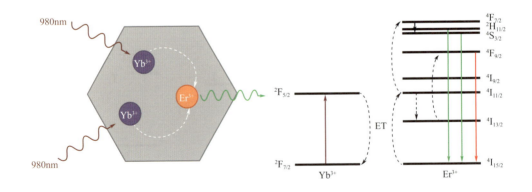

图 1-27　$NaY_{0.77}Yb_{0.20}Er_{0.03}F_4$ 能量转移机制[19]

使用爱丁堡FLS1000光致发光光谱仪测试了$NaY_{0.77}Yb_{0.20}Er_{0.03}F_4$的上转换发光光谱，如图1-28所示。FLS1000配置980nm高功率连续波激光器作为激发光源。发射光谱包含三个不同的波段，分别以525nm、546nm和658nm为中心，对应图1-27所示的三个能级跃迁。由于$^4S_{3/2}$和$^2H_{11/2}$能级在能量上紧密间隔，实际上处于热平衡状态，因此，$^4S_{3/2} \rightarrow {}^4I_{15/2}$和$^2H_{11/2} \rightarrow {}^4I_{15/2}$跃迁的强度比取决于温度，使其能够用于发光测温。

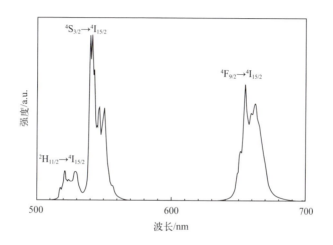

图1-28 使用爱丁堡FLS1000光致发光光谱仪测试的$NaY_{0.77}Yb_{0.20}Er_{0.03}F_4$的上转换发光光谱

量子产率

1.7.1 什么是量子产率

国际纯粹与应用化学联合会（IUPAC）将量子产率（Φ）定义为系统吸收的

每个光子发生某一事件的次数[4]，即

$$\Phi = \frac{感光次数}{吸收的光子数}$$

然而，它最常被写为一个系统的光发射（光致发光)[1, 3, 20, 21]，即

$$\Phi = \frac{发射光子数}{吸收的光子数}$$

荧光、发光和光致发光中量子产率常常被用到。量子产率的值为 0 到 1 之间的小数或百分比。例如，如果系统吸收 100 个光子并发射 30 个，则其量子产率为 0.3 或 30%。

系统（如荧光分子）的量子产率由其内部辐射和非辐射跃迁速率常数之间的竞争平衡决定（图 1-29），因此，量子产率可以根据辐射和非辐射跃迁速率常数写作：

$$\Phi = \frac{k_r}{k_r + \sum k_{nr}}$$

式中，k_r 为辐射跃迁速率常数；k_{nr} 为非辐射跃迁速率常数。

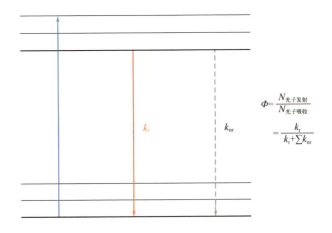

图 1-29　量子产率以及辐射和非辐射衰减过程

辐射跃迁速率常数（k_r）反映荧光和磷光等辐射（发光）状况，而非辐射跃迁速率常数（k_{nr}）反映包括内部转换、系间窜跃和能量转移等状况[22]。因此，量子产率是指处于激发态的发光系统通过辐射过程跃迁到基态的概率。

1.7.2 量子产率的由来

量子产率的概念可以追溯到20世纪初，1905年，爱因斯坦在光电效应方面的工作发表了[23]。爱因斯坦介绍了光的量子化，即光束由离散量子粒子（quanta）组成，其携带的能量$E=hv$，其中h是普朗克常数，v是光的频率。几年后，瓦尔堡（E.G.Warburg）在1912～1921年间发表了一系列论文，研究了臭氧分子转化为氧气的过程，获得产生的分子与吸收的量子比率。瓦尔堡后来将这一过程命名为"量子产率"，并用希腊字母Φ来表示[24]。1924年，瓦维洛夫根据瓦尔堡的早期工作，引用"荧光产率"，以计算吸收光与荧光的比例[25]，而"吸收光量子的分子数"出现在马歇尔1925年发表的一篇论文中，以描述氢与氯之间的光化学反应[26]。到1930年，我们今天所知道的"量子产率"一词已在大量教科书和论文中被广泛引用。

1.7.3 如何测试量子产率

量子产率是表征发光分子和材料的最重要的光物理参数之一。高量子产率对于显示器、激光、生物成像和太阳能电池等应用具有重要意义。因此，精准测试量子产率非常重要。量子产率的测量方法可以分为非光学和光学方法。非光学方法包括间接测量激发能转化为热能及其在溶剂中的耗散[22, 27]和量热方法，如光声光谱（PAS）[28]和热透镜[29]。光学方法分为相对法或绝对法。

（1）相对法

在相对量子产率的概念中，样品的量子产率是通过比较其光致发光发射与已知量子产率的参考标准的量子产率来计算的。在传统的荧光光谱仪中，只有一定比例的发射光被收集和检测。发射光的检测取决于许多因素，这些因素包括：发射光子的角度分布、溶剂的折射率、波长、样品的散射特性和几何形状[22, 27]。因此，这个数值不可能精确量化，这就阻碍了对量子产率的直接测量。相对法通过使用已知量子产率和与样品相似光学性质的参考标准来克服这一问题。在相同的激发条件下测量样品和标准品的发射光谱，并利用积分发射的比值计算样品的量子产率。

相对法的优点是可以很容易地使用配置简单比色皿支架的吸收光谱仪和荧光

光谱仪（如图1-30所示）。如FS5荧光光谱仪标准配置吸收检测器，可在同一台仪器上同时实现荧光和吸收信号测试功能。相对法的短板在于必须选择一个与样品发射波长区域相似的参考标准，一般仅限于透明液体的样品。

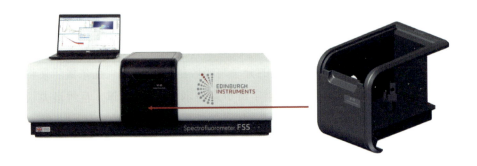

图1-30　FS5荧光光谱仪配置标准液体支架

（2）绝对法

在绝对量子产率测试法中，使用积分球来获取样品发出的所有光，量子产率是通过比较发射光子的数量和吸收光子的数量来确定的。绝对法的优点是不需要参考标准样，可以更快地测量量子产率（因为需要测量的项目和次数更少），不再局限于参考标准是否存在。绝对法也可以应用于范围更广的样品类型，是固体粉末、薄膜等样品唯一可靠的测试方法。测试过程需要一个积分球作为测试附件耦合至荧光光谱仪来实现（如图1-31所示）。

图1-31　FS5荧光光谱仪配置积分球附件

1.8 相对量子产率

荧光体的量子产率是一个基本的光物理参数，其定义为发射的光子数量与吸收的光子数量之比[30-32]，即

$$\Phi = \frac{发射光子数}{吸收的光子数}$$

量子产率是一种材料将吸收的光转化为发射光效率的表征，可以使用相对法或绝对法进行光学测量。本节将更细致地介绍相对量子产率法，并解释如何通过比较溶液中样品和已知量子产率的标准品溶液的荧光强度来计算其量子产率。

1.8.1 什么是相对量子产率

样品的相对量子产率（Φ_S）可以使用以下方法计算[33]：

$$\Phi_S = \Phi_R \frac{I_S}{I_R} \times \frac{1-10^{-A_R}}{1-10^{-A_S}} \left(\frac{n_S}{n_R}\right)^2 \tag{1-1}$$

式中，Φ_R 为标准品的已知量子产率；I 为积分荧光（或光致发光）光谱强度；A 为溶液在激发波长（λ_{ex}）下的吸光度；n 为溶剂的折射率；下角 S 和 R 分别指样品和标准品（参比）。

相对量子产率法的前提：可以假定具有相同吸光度（在 λ_{ex} 下）的两种溶液吸收相同数量的光子。测量两种溶液的荧光光谱（在相同的实验条件下），通过积分荧光强度的比值可以计算目标溶液的量子产率。

公式（1-1）中 I_S/I_R 是荧光光子数，$\dfrac{1-10^{-A_R}}{1-10^{-A_S}}$ 是吸收光子数，n_S/n_R 是两种溶液的折射率的比值，通过参比的量子产率，计算出样品（目标溶液）的量子产率。

1.8.2 什么是荧光项

I_S/I_R 是样品和参比溶液的积分荧光强度的比值，其中

$$I_S = \int_0^\infty I_f^S(\lambda_{ex}, \lambda_{em}) d\lambda_{em} \tag{1-2}$$

$$I_R = \int_0^\infty I_f^R(\lambda_{ex}, \lambda_{em}) d\lambda_{em} \tag{1-3}$$

式中，$I_f(\lambda_{ex}, \lambda_{em})$ 为波长 λ_{em} 处的荧光强度；I_S、I_R 分别为通过荧光光谱仪测量样品和标准品溶液的荧光光谱并对光谱进行积分的结果。这种积分可以使用现代荧光光谱仪软件的内置积分工具轻松计算。

使用相同的实验参数（激发波长、激发带宽、发射带宽和积分时间）测量样品和参比的荧光光谱至关重要。荧光光谱仪检测到的荧光强度取决于这些参数，只有保持这些参数相同，比较样品和参比溶液的荧光强度才能有意义。

荧光光谱必须根据荧光光谱仪的波长相关的检测效率进行校正。荧光光谱仪中的单色器和光电倍增管（PMT）检测器均具有波长相关的分光及检测效率，为了准确计算相对量子产率，需要消除仪器的波长依赖。

为了提高操作的便捷性，现代荧光光谱仪，如爱丁堡仪器公司的FS5荧光光谱仪，在出厂时内置的校正曲线，允许用户从测量的光谱中摆脱波长依赖。使用这些曲线校正过的荧光光谱被称为"校正光谱"，在计算相对量子产率时使用。

1.8.3 什么是吸光度项

吸光度项是比较样品和参比所吸收的光子数量。原则上，需要准备在激发波长下具有相同吸光度的溶液，确保吸收相同数量的光子，但这种要求比较苛刻。吸光度项，要考虑到样品和参比在激发波长下有不同的吸光度值。

样品和参比吸收的光子数量的比率由以下公式给出：

$$\frac{1-10^{-A_R}}{1-10^{-A_S}} \tag{1-4}$$

式中，A_R、A_S分别为参比和样品溶液在激发波长下的吸光度。A_S和A_R的值是分别通过测量样品和参比的吸收光谱得到的。

如果溶液的吸光度保持在较低值（通常$A<0.04$），公式（1-4）可以近似为A_R/A_S，因此公式（1-1）可以改写为文献和教科书中常见的形式[30, 31, 33]：

$$\Phi_S = \Phi_R \frac{I_S}{I_R} \times \frac{A_R}{A_S} \left(\frac{n_s}{n_R}\right)^2 \tag{1-5}$$

1.8.4 什么是折射率项

相对量子产率的计算前提是假设荧光光谱仪检测样品和参比中的荧光部分相同。这个值取决于荧光光谱仪从比色皿收集荧光的立体角，与溶剂的折射率有关。在可能的情况下，样品和参比应使用相同的溶剂（相同的折射率），以确保从两者中捕获相同比例的荧光。然而，在实际测试中，相同溶剂增加了相对量子效率测试的限制。折射率项$(n_S/n_R)^2$说明了当使用不同折射率的溶剂时，捕获荧光信号的差异。

样品和参比溶液在激发波长处的折射率值可在文献中查找。折射率对波长的依赖性较弱，在可能的情况下应使用平均发射波长处的折射率[33]。

1.8.5 对三联苯的相对量子产率的计算

本部分以硫酸奎宁（QBS）为参比，计算对三联苯（p-T）的量子产率。原则上，人们可以制备样品和参比的单一溶液，测量它们的吸收和荧光光谱，并使用公式（1-1）计算量子产率。然而，制备不同浓度的样品和参比的多组溶液可以提高计算值的准确性和精确度。

当测量一系列不同浓度的溶液时，公式（1-1）可以重新排列成一个线性方程，用于计算量子产率[34]。

$$\Phi_S = \Phi_R \frac{I_S}{I_R} \times \frac{1-10^{-A_R}}{1-10^{-A_S}} \left(\frac{n_s}{n_R}\right)^2 \Rightarrow$$

$$\Phi_S = \Phi_R \frac{I_S}{1-10^{-A_S}} \times \frac{1-10^{-A_R}}{I_R} \left(\frac{n_S}{n_R}\right)^2 \Rightarrow$$

$$\Phi_S = \Phi_R \frac{\text{Grad}_S}{\text{Grad}_R} \left(\frac{n_S}{n_R}\right)^2 \qquad (1-6)$$

通过绘制I_S与$1-10^{-A_S}$和$1-10^{-A_R}$与I_R的线性关系，可以用斜率（Grad）来计算样品的相对量子产率。这种方法可以防止潜在的系统误差，如染料在较高的浓度下聚集导致的非线性。

归一化的QBS和p-T的吸收光谱如图1-32所示。光谱在280~320nm之间重叠，选择295nm作为激发波长来激发两种分子。制备QBS和p-T的溶液，在λ_{ex}处的吸光度范围为0.002~0.07。

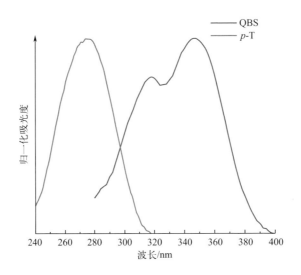

图1-32　p-T和QBS的归一化吸收光谱

(p-T溶于环己烷，QBS溶于质量分数为49%的硫酸。测试光谱在爱丁堡仪器公司的
FS5荧光光谱仪上获取)

使用FS5荧光光谱仪采集p-T和QBS校正后的荧光光谱图，确定I_S和I_R的值。图1-33显示了两种物质的归一化荧光光谱。测试条件：发射光谱带宽$\Delta\lambda_{em}$=1.8nm，步长和积分时间的值也保持不变（分别为2nm和1s）。

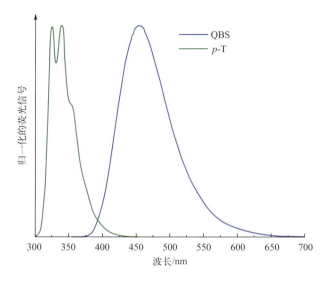

图1-33　p-T和QBS的归一化荧光光谱

（测试使用爱丁堡仪器公司的FS5荧光光谱仪）

图1-34为两种材料的综合荧光强度与$1-10^{-A}$的关系图。通过线性拟合得到两个曲线的斜率。对于p-T和QBS，$\text{Grad}_S=123.28$，$\text{Grad}_R=87.6$。

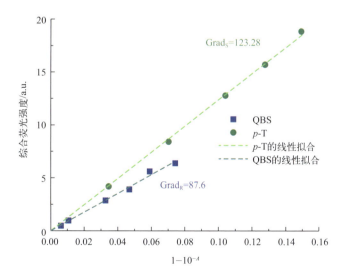

图1-34　QBS和p-T的综合荧光强度与吸光度项的关系及其线性拟合

由文献可知：QBS 的量子产率为 $\Phi_R=56.1\%^{[35]}$，对于环己烷和硫酸，$n_S=1.4496$、$n_R=1.3337^{[36]}$。用公式（1-6）计算出的 p-T 的相对量子产率 $\Phi_S=93.2\%$。

1.8.6 相对量子产率的测试建议

相对量子产率的测量在概念上似乎简单、直接。但是实际测试中，要获得准确数值难度很大。本节为准确的相对量子产率测试提供一些建议。

① 比色皿应采用相同的材料和尺寸，确保在测量的 λ_{ex} 和 λ_{em} 处表现出相同的透射率。测试时应使用清洁、干燥的比色皿，利用新溶剂配制待测液。

② 为了尽量减少高浓度溶液中经常遇到的内滤效应[37-38]，建议未知样品和参比的吸光度都应保持在 0.15 以下。

③ 尽量选择与目标样品吸收光谱有重叠的参比，以便使用相同的激发波长。如果样品和参比选择不同的激发波长，公式（1-7）仍然有效；爱丁堡仪器公司的 FS5 荧光光谱仪对激发光源强度和激发单色器的波长依赖性进行了校正[32]。

④ 应避免测量在荧光光谱中有显著差异的样品，以尽量避免任何潜在的误差来源。

⑤ 重要的是要获得用于制备样品的溶剂的荧光光谱，需要从未知样品和参比的荧光光谱中扣除，以消除溶剂潜在固有的荧光和拉曼散射效应。

1.8.7 荧光项的推导过程

样品的量子产率由以下公式给出：

$$\Phi = \frac{N_f}{N_A} \tag{1-7}$$

式中，N_f、N_A 分别为样品发出的和吸收的光子数量。式（1-7）中的 N_f 包括所有发射的光子，不可能被准确量化，荧光光谱仪只检测到荧光（发射的）的某一部分。该部分的大小取决于各种因素，如荧光光子的角度分布（实体角）、溶剂的折射率、波长、样品的几何形状、光谱仪所含光学元件的传输效率以及检测器的量子效率[33]。

检测到的光子数量可以表示为：

$$N_{f,d} = kN_f \tag{1-8}$$

其中，k 是发射的和检测的光子之间的比例关系。

通过使用已知量子产率的参比，可以用相对法抵消 k 因子。如果使用相同的实验条件，如激发波长、狭缝带宽、比色皿大小、步长和积分时间，那么样品和参比检测到的光的份数是相同的[33]。其比例关系可表示为[39]：

$$\frac{\Phi_S}{\Phi_R} = \frac{N_{f,d}^S}{N_A^S} \times \frac{N_A^R}{N_{f,d}^R} \tag{1-9}$$

式中，上角 S 和 R 分别表示"样品"和"参比"；$N_{f,d}$ 表示荧光光谱仪的光电检测器在 λ_{em} 处检测到的一部分光子。荧光强度的积分代表所有波长下检测到的光子的总数，定义为[33]：

$$\int_0^\infty I_f(\lambda_{ex}, \lambda_{em}) d\lambda_{em} = kN_f = kN_A\Phi \tag{1-10}$$

未知样品和参比的荧光项可以表示为：

$$I_S = \int_0^\infty I_f^S(\lambda_{ex}, \lambda_{em}) d\lambda_{em}$$

$$I_R = \int_0^\infty I_f^R(\lambda_{ex}, \lambda_{em}) d\lambda_{em}$$

1.8.8 吸光度项的推导过程

公式（1-7）中的 N_A 表示吸收的光子总数，与 λ_{ex} 处测量的样品吸光度有关。溶液的吸光度（A）和透过强度（I_T）被定义为：

$$A = -\lg\frac{I_T}{I_0} \tag{1-11}$$

$$I_T = I_0 10^{-A} \tag{1-12}$$

式中，I_0 为入射光强度；A 为溶液的吸光度；I_T 为透过光强度。
I_A 吸收强度被定义为：

$$I_A = I_0 - I_T \tag{1-13}$$

$$I_A = I_0(1-10^{-A}) \tag{1-14}$$

λ_{ex} 处吸收的光子数量同样可以表示为：

$$N_A = N_0(1-10^{-A}) \tag{1-15}$$

式中，N_0 为入射光子的数量。公式（1-10）可以改写为

$$\int_0^\infty I_f(\lambda_{ex}, \lambda_{em})\,d\lambda_{em} = kN_0(1-10^{-A})\varPhi \tag{1-16}$$

当在相同的实验条件下获取未知样品和参比的荧光光谱时，可以认为样品和参比的 N_0 和 k 是相等的，因此公式（1-9）中的 $\varPhi_S/\varPhi_R$ 可以改写为：

$$\frac{\varPhi_S}{\varPhi_R} = \frac{I_S}{I_R}\frac{(1-10^{-A_R})}{(1-10^{-A_S})} \tag{1-17}$$

1.8.9 折射率项的推导过程

如果用于样品（未知和参比）制备的溶剂不同，在测量荧光强度时，不同的溶剂折射率会引起两种不同类型的误差。

第一种类型的误差是由于发射光从高折射率的材料（例如，未知样品的溶剂 n_S）到光电检测器所在的低折射率的材料（n_i，$n_i<n_S$），发射光在界面上发生了折射而产生的，如图 1-35 所示。

如果将荧光光子数量定义为从 n_S 介质内的光源发射到 $2\theta_S$ 立体角范围的数目，则发射光进入源介质的角度强度可以近似为：

$$I_S \approx \frac{4I_0}{\theta_S^2} \tag{1-18}$$

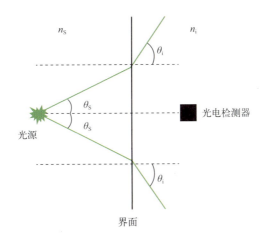

图1-35 发射光在两种不同折射率材料的界面上发生的折射

其中，I_0是入射光强度。如果忽略反射，同样数量的荧光光子通过界面进入光电检测器的介质（n_i），由于折射，会进入到更大的实体角$2\theta_i$中。因此，在光电检测器介质内的发射光的角度强度下降，可以近似为：

$$I_i \approx \frac{4I_0}{\theta_i^2} \qquad (1\text{-}19)$$

在界面上应用斯涅尔定律，可以得到补偿荧光强度下降的校正系数[40]。

$$\frac{I_S}{I_i} = \left(\frac{\theta_i}{\theta_S}\right)^2 = \left(\frac{n_S}{n_i}\right)^2 \qquad (1\text{-}20)$$

当参比在折射率与未知样品不同的溶剂中稀释时，这同样适用，因此校正系数为：

$$\left(\frac{n_R}{n_i}\right)^2$$

将这两个校正系数应用于相对量子产率方程中，每个项中的n_i抵消得到折射率项：

$$\left(\frac{n_S}{n_R}\right)^2$$

第二种类型的误差来自发射光在比色皿内经历的全部反射。反射效应通常是次要的，可以忽略[39]。

为了提高相对量子产率测量的准确性，对样品和参比使用相同的溶剂可以使校正系数最小化，因为当 $n_S=n_R$ 时，折射率项可以消除。

荧光寿命

通过分析样品的光致发光或荧光衰减可以获得样品的荧光寿命数据。在拟合衰减时，必须考虑样品潜在的光物理过程，来评估拟合是否恰当。

1.9.1 什么是激发态分布

通过时间相关单光子计数得到激发态分布。激发态分子浓度 [M*] 在时间 t 的衰减为：

$$[M^*](t) = [M^*]_0 e^{-kt} \tag{1-21}$$

其中，$[M^*]_0$ 是在时间为 0 时处于激发态分子的浓度。$t=0$ 相当于使用 TCSPC（时间相关单光子计数）时激发脉冲的到达时间。存在多种相互竞争的衰减过程，分别为辐射和非辐射途径。与这些参数相关的速率常数是 k_r 和 k_{nr}，分别是辐射衰减和非辐射衰减之和的速率常数。用 k 来表示所有速率常数的总和。

然而，我们不能直接测试激发态分子的浓度，可测试的参数是荧光强度 I。在时间 t 的荧光强度如公式（1-22）所示。

$$I(t) = I_0 e^{\frac{-t}{\tau}} \tag{1-22}$$

其中，τ 是荧光寿命。τ 与速率常数的关系如公式（1-23）所示。

$$\tau = \frac{1}{k} \tag{1-23}$$

1.9.2 什么是单指数衰减

最简单的荧光衰减为单指数衰减，如公式（1-24）所示。

$$I(t) = Be^{-\frac{t}{\tau}} \tag{1-24}$$

其中，t是时间；τ是荧光寿命；B是指前因子。荧光寿命的定义为强度降至初始值的1/e（=0.368）所需的时间［图1-36（a）］。荧光衰减通常以对数坐标显示，对数坐标给出了单指数衰减的线性关系［图1-36（b）］。

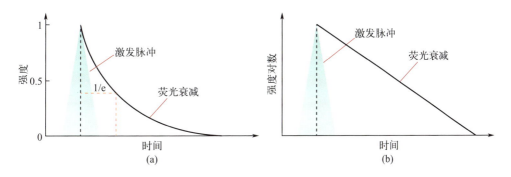

图1-36　在线性坐标上的荧光衰减（a）；在对数坐标上的荧光衰减（b）[31]

（1）拟合方法

必须用适当的函数对荧光衰减进行拟合。TCSPC数据的拟合有两种常用方法，即尾部拟合和解卷积拟合。在多次迭代后，荧光寿命和指前因子会发生变化，以优化拟合。

当样品具有较长的荧光寿命时，可以使用尾部拟合。尾部拟合在不涉及仪器响应函数（IRF）卷积的情况下从衰减峰值进行拟合。在研究短荧光寿命体系时，使用解卷积拟合，荧光衰减寿命与测试的IRF进行解卷积拟合。

（2）拟合评估

可以通过计算χ^2来评估拟合。根据原始数据点和拟合点之间的差异，量化数据拟合的效果。测量的荧光衰减函数 $N(t_k)$ 和计算的衰减函数 $N_C(t_k)$ 之间的差值通过数据点的数量 n 进行评估，如公式（1-25）所示。

$$\chi^2 = \sum_{k=1}^{n} \frac{[N(t_k) - N_C(t_k)]^2}{N(t_k)} \tag{1-25}$$

χ^2 值为 1 表示可以拟合。如果 χ^2 值高于 1.2，则表明拟合不能很好地描述此衰减。可接受的 χ^2 在不同体系中有所不同，χ^2 值与噪声相关。在测试样品荧光衰减之前需要确定单组分荧光团，以确定体系可实现的灵敏度。

溶液中的荧光染料 9-氨基吖啶（9AA）是单指数衰减的典型例子。使用 TCSPC 测量的 9AA 染料的荧光衰减如图 1-37 所示。

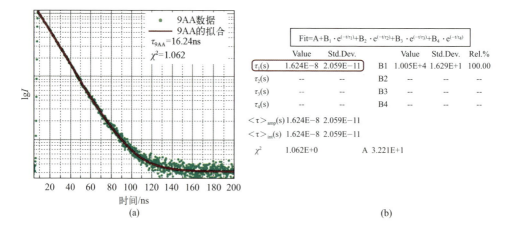

图 1-37　使用爱丁堡 FS5 荧光光谱仪测试的 9AA 的荧光衰减（a）；
Fluoracle® 软件中的单指数衰减拟合分析（b）

（3）单指数衰减拟合结果

图中 τ 是通过将单指数尾部拟合到 Fluoracle® 中来确定的。Fluoracle® 软件通过调整 τ 和 B 的值，直到获得具有最低标准偏差的最小二乘法拟合，即 16.24ns [图 1-37（b）]。

Fluoracle® 也可以计算强度降低到 1/e 所需的时间来获得荧光寿命，这种方法不需要最小二乘法拟合。9AA 衰减到 1/e 的荧光寿命为 16.4ns，接近 16.24ns 的拟合值。对于单指数衰减，1/e 计算可以快速估算荧光寿命，但这种方法不能应用于更复杂的体系。

1.9.3 什么是多指数衰减

当样品含有多个荧光团,或单个分子具有多个荧光发射体系(如构象异构体或互变异构体)时,必须使用多指数衰减模型:

$$I(t) = \sum_{i=1}^{n} B_i \exp \frac{-t}{\tau_i} \tag{1-26}$$

其中,$I(t)$是作为时间函数t的荧光强度,归一化为$t=0$时的强度;τ_i是第i个衰变组分的荧光寿命;B_i是该组分的分数振幅。

理论上,模型中可以包含的指数分量的数量没有限制。可以通过增加荧光组分的数量来实现更好的拟合,但要符合样品实际的光物理过程。为了使荧光组分有意义,它们必须代表样品中发生的不同光物理过程,因此应根据预期光物理过程来确定荧光组分的数量。

多指数衰减的一个例子是热激活延迟荧光(TADF)材料。TADF材料荧光衰减采用双指数拟合。如图1-38(a)所示,可以用两个指数衰减来精确拟合,即τ_1=64.5ns和τ_2=1061ns,其对应材料激发态S_1的瞬时荧光和延迟荧光。

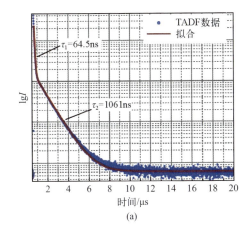
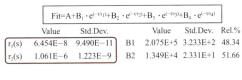

图1-38 使用爱丁堡FS5荧光光谱仪测试的TADF材料的双指数荧光衰减(a);Fluoracle® 中的拟合结果(b)

1.9.4 什么是非指数衰减

(1) 拟合非指数衰减

许多样品类型不遵循指数衰减行为。无机材料（包括半导体和量子点等体系）的光致发光衰减通常是这种情况。非指数衰减的一个例子是涂有硫化锌层的磷化铟（InP/ZnS）量子点的光致发光衰减，如图1-39所示。

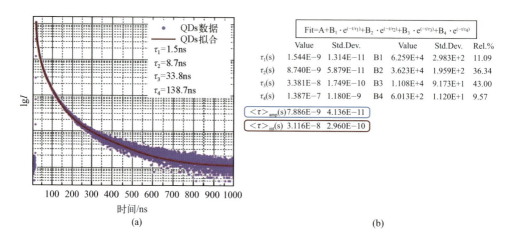

图1-39 使用爱丁堡FS5荧光光谱仪测试的InP/ZnS量子点的光致发光衰减（a）; Fluoracle®中相应的拟合分析，其中突出显示了振幅加权平均寿命（蓝色框）和强度加权平均寿命（橙色框）（b）

这种类型衰减的一种通用拟合方法是用多个指数拟合衰减，然后根据拟合计算衰减的平均寿命。如图1-39所示，其中Fluoracle®用于拟合具有四个指数分量的衰减。四个单独的荧光组分与特定的状态或相互作用没有物理关系，只是精确拟合衰变曲线的一种手段。从四个荧光组分中，Fluoracle®计算两个平均寿命值，即振幅加权平均寿命和强度加权平均寿命，这两个值可以用来描述样品光致发光寿命特性。

(2) 平均寿命

Fluoracle®软件中显示了两种平均寿命，因为平均寿命有不止一个定义。文献中最常报道的两种平均寿命是振幅加权平均寿命和强度加权平均寿命。根据材料衰减的内在机制，选择应该使用的平均寿命。

① 振幅加权平均寿命

振幅加权平均寿命 $<\tau>_{amp}$，通过其分数振幅（B_i）对每个荧光组分（τ_i）进行加权[32]，如公式（1-27）所示。

$$<\tau>_{amp} = \frac{\sum_{i=1}^{n} B_i \tau_i}{\sum_{i=1}^{n} B_i} \tag{1-27}$$

式中

$$\sum_{i=1}^{n} B_i = 1 \tag{1-28}$$

振幅加权平均寿命是稳定状态下荧光团的特征，并且在数学上与速率常数相关[41]。振幅加权平均寿命通常用于荧光团之间发生能量转移的生物系统中。因此，由于其异质性及其与周围环境的相互作用，其寿命衰减是多指数的。

② 强度加权平均寿命

强度加权平均寿命加权每个寿命分量（τ_i）乘以该分量的分数强度（$B_i \tau_i$）[32]：

$$<\tau>_{int} = \frac{\sum_{i=1}^{n} B_i \tau_i^2}{\sum_{i=1}^{n} B_i \tau_i} \tag{1-29}$$

强度平均寿命更强调较长的寿命，降低了分数振幅变化和较短寿命的可见性，这使得平均寿命在拟合过程中对荧光组分数量的变化更加稳定[42]。强度加权平均寿命适用于例如发射体系的集合、嵌入光子晶体中的量子点，以及荧光依赖于纳米晶体尺寸的半导体纳米晶体[43]。相同材料但不同尺寸的纳米晶体将以不同的波长发射，因此，应考虑纳米晶体的整个激发体系的平均寿命。

拟合最好通过体系中的光物理过程来评估，数学计算的"最优"解也会出现不合适的情况。拟合在很大程度上取决于用户输入的值（拟合范围、背景、建议使用寿命），拟合结果受这些值微小变化的影响。

荧光寿命成像

荧光寿命成像（FLIM）是一种成像技术，样品荧光寿命的变化在图像中产生对比度（图1-40）。FLIM广泛用于生物医学成像，其中组织和细胞用一种或多种荧光染料染色。染料的荧光寿命取决于局部微环境，与其他成像技术（如宽场成像）相比，FLIM提供了额外的维度，如环境信息。FLIM也越来越多地用于研究光致发光材料，例如对纳米材料、太阳能电池和半导体的载流子寿命变化进行成像。

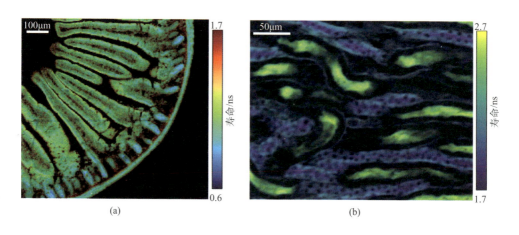

图1-40　使用RMS1000共聚焦显微拉曼光谱仪测量小鼠肠道切片（a）和小鼠肾脏切片的FLIM图（b）

1.10.1　什么是FLIM共聚焦显微镜

FLIM图是使用共聚焦显微镜获取的（图1-41）。显微镜配备有脉冲激光器，激光由物镜聚焦到样品上形成一个小斑点。使用滤光片或单色器选择来自样品的荧光，并使用单光子计数检测器如光电倍增管（PMT）进行检测。

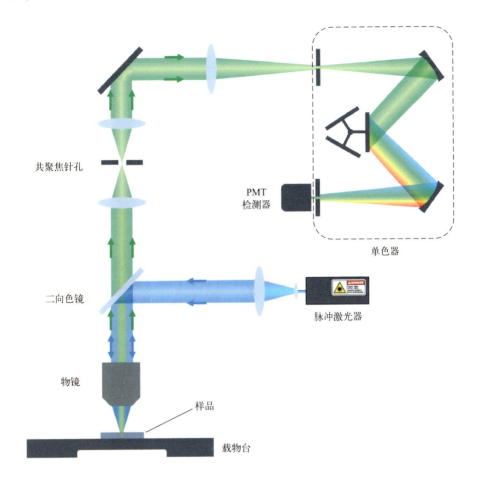

图1-41　FLIM共聚焦显微镜

1.10.2　什么是FLIM采集

荧光衰减信号可以使用时间相关单光子计数（TCSPC）获得。在TCSPC中，用脉冲激光激发样品，并测量从激光激发到检测到荧光光子之间的时间［图1-42（a）］。该过程重复数百万次，以创建荧光光子计数与到达时间的直方图［图1-42（b）］。

将样品上感兴趣的区域划分为像素，并使用TCSPC记录每个像素的荧光衰减[图1-42（c）]。通过移动样品台（样品台扫描）或激光点（激光扫描）将激光点引至每个像素上。这个过程按顺序发生，依次记录每个像素的荧光衰减，以构建直方图数据合集。

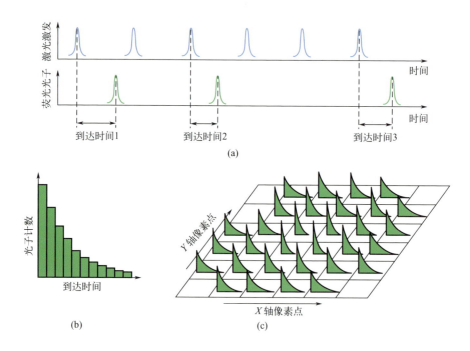

图1-42　使用TCSPC记录单个光子到达时间（a）；单个像素的荧光衰减直方图（b）；感兴趣区域内每个像素的荧光衰减直方图（c）

1.10.3　如何进行FLIM分析

每个像素荧光衰减直方图的荧光寿命τ，通常用最小二乘法将单指数模型拟合到每个衰减来计算（图1-43）。将通过拟合获得的荧光寿命对应到颜色图上，构建颜色编码的荧光寿命图像。

荧光寿命成像（FLIM）是光致发光光谱的补充，提供了关于样品微环境的信息。使用时间相关的单光子计数（TCSPC）获取寿命信息，单指数模型拟合荧光衰减曲线，获得荧光寿命图像。

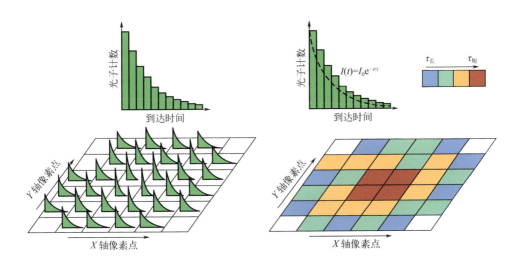

图1-43 计算FLIM数据,每个像素的荧光寿命对应颜色变化,构建颜色编码的荧光寿命图像

斯托克斯位移

斯托克斯位移,以爱尔兰物理学家乔治·加布里埃尔·斯托克斯(图1-44)的名字命名,指与样品相互作用后,入射光和散射(或发射)光能量降低的光谱位移。斯托克斯位移是荧光光谱和拉曼光谱中的一个重要概念。

1.11.1 什么是荧光光谱中的斯托克斯位移

在19世纪中期,G.G.斯托克斯深入研究了荧光的性质,并研究了荧光与入射光的性质有何不同。1852年,他向伦敦皇家学会提交了他的发现,即"光的折射性的变化":

"有一个与内部色散（荧光）有关的定律普遍适用，当光的折射率（折射程度与波长成反比）因色散而改变时，它总是降低（向更长的波长移动）。"

这是斯托克斯定律，表明荧光发射，产生比入射光更长波长的光，荧光光谱相对于吸收光谱向更长波长的方向移动。斯托克斯也是第一个提出荧光这个术语的人，这个术语在同一篇论文中作为脚注出现[44-45]：

"我承认我不喜欢这个术语'漫反射'。我几乎倾向于创造一个词，把这种现象称为荧光，来自萤石，类似的术语来自一种矿物的名称。"

图1-44　乔治·加布里埃尔·斯托克斯（1819—1903）

在荧光光谱中，斯托克斯位移是第一吸收带的最大值和荧光发射的最大值的光谱位置之间的差值，可以用波长或波数表示，如图1-45所示[32, 46]。

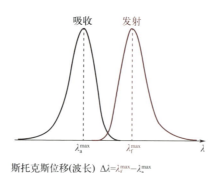

斯托克斯位移(波长)　$\Delta\lambda = \lambda_f^{max} - \lambda_a^{max}$

斯托克斯位移(波数)　$\Delta\bar{v} = \bar{v}_a^{max} - \bar{v}_f^{max} = \dfrac{1}{\lambda_a^{max}} - \dfrac{1}{\lambda_f^{max}}$

图1-45　斯托克斯位移的定义

$$\Delta\lambda = \lambda_f^{max} - \lambda_a^{max}$$

$$\Delta\bar{v} = \bar{v}_a^{max} - \bar{v}_f^{max} = \frac{1}{\lambda_a^{max}} - \frac{1}{\lambda_f^{max}}$$

式中，$\Delta\lambda$为波长差；λ_f^{max}为发射光谱最大发射处的波长；λ_a^{max}为第一吸收带最大吸收处的波长；$\Delta\bar{v}$为波数差；$\bar{v}_f^{max}$为发射光谱最大发射处的波数；$\bar{v}_a^{max}$为第一吸收带最大吸收处的波数。

波数斯托克斯位移表达式，是一个近似值（假设波数最大值与波长最大值处于相同的位置）。荧光光谱从波长标尺转换到波数标尺时，最大值的位置有一定的移动，因为测量的光谱带通常在波长上是恒定的，但在波数上不是恒定的。因此，对于非常精确的波数斯托克斯位移计算，应首先将波长光谱转换为波数标尺，并在波数标尺中定位最大值[30]。

斯托克斯位移的大小取决于特定的荧光团及其溶剂环境，极性越大的溶剂通常产生越大的斯托克斯位移。图1-46显示了具有小和大斯托克斯位移的两种荧光团的吸收和发射光谱。

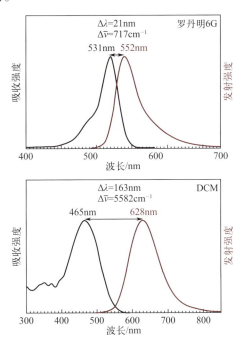

图1-46 罗丹明6G（溶剂：乙醇）和DCM（溶剂：0.1mol/L H_2SO_4）的吸收和发射光谱

（测量使用FS5荧光光谱仪）

斯托克斯位移在雅布隆斯基能级图中通常表示为：由基态激发到较高的S_1振动能级，随后快速非辐射衰减到S_1的振动基态（图1-47），荧光具有比吸收的光子更低的能量，因此具有更长的波长。

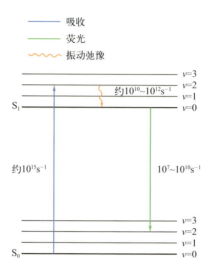

图1-47　Perrin-Jabłoński斯托克斯位移的振动弛豫图

由图1-47提出一个问题，为什么吸收光子后被提升到振动激发态S_1（$v>0$），而不是振动基态S_1（$v=0$）？如果吸收跃迁是S_0（$v=0$）→S_1（$v=0$），荧光跃迁是S_1（$v=0$）→S_0（$v=0$），就不会有斯托克斯位移，因为跃迁是等能的。

跃迁的强度由初始和最终状态之间的粒子数差以及这些状态之间的跃迁概率决定，这些概率可以使用Franck-Condon原理来计算。

Franck-Condon原理假设，电子跃迁的发生不会改变分子的原子核位置。这种假设有效，因为原子核比电子大得多，与快速电子跃迁相比，原子核移动相对较慢；当电子被激发到S_1状态时，分子的原子核处于非平衡分离状态，之后，原子核必须松弛回到它们的平衡位置。

在Franck-Condon原理的量子力学分析中，原子核和电子之间的质量差异，允许分子状态的波函数被分成电子分量和核（振动）分量（Born-Oppenheimer近似法）。S_0和S_1的每个振动能级之间的跃迁概率与它们振动波函数之间的重叠积分成正比。综合以上理论，可以得到Franck-Condon原理图（图1-48）。y轴是分子的能量，x轴是原子核之间的距离。黑色二次曲线是S_0和S_1状态的核分离势阱（简化假设分子是双原子谐振子），红色区域曲线是量子化振动能级的波函数。每个阱的底部是该状态下原子核之间的平衡分离距离（即键长），由于其较高的能量，S_1中的键长比S_0长。

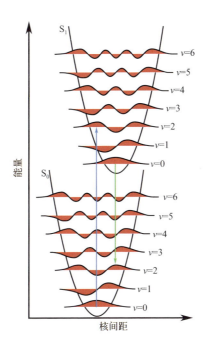

图1-48　原子核坐标能量图中的Franck-Condon原理

在室温下，S_0的$v=0$能级中电子最多（玻尔兹曼分布），因此大部分吸收（蓝色箭头）从该能级开始。箭头是垂直的，因为原子核在吸收跃迁的时间尺度内不移动。最强的吸收跃迁是从S_0的$v=0$能级到S_1振动能级的跃迁，具有最大波函数重叠（在蓝色箭头位置的最高波函数振幅）。由于处于S_1状态的原子核之间有较大间隔，S_1是更高的振动能级，例如$v=2$（不是$v=0$）能级，如图1-48所示，并且该跃迁定义了吸收光谱最大值的波长。

这种多余的振动能量迅速消失，荧光总是从S_1的$v=0$能级开始发射。类似于吸收情况，最强的荧光跃迁（绿色箭头）是从S_1的$v=0$能级到达S_0振动能级的跃迁，具有最大波函数重叠，并且该跃迁定义了荧光光谱的最大值。因此，最大的荧光光谱值总是出现在比最大吸收波长更长的波长处，这是斯托克斯位移的来源。

1.11.2 什么是拉曼光谱中的斯托克斯位移

斯托克斯位移也适用于拉曼光谱学，它描述了拉曼散射辐射是比瑞利散射更低的能量（斯托克斯位移）还是更高的能量（反斯托克斯位移）。斯托克斯本人从来不知道拉曼散射，拉曼散射是在他去世25年后，由C.V.Raman和K.S.Krishnan于1928年首次观察到的[47]。斯托克斯位移这一术语的使用，延续了其荧光定义，指的是能量低于入射辐射的发射（散射）辐射。

斯托克斯和反斯托克斯拉曼散射的原理，如图1-49所示。当辐射光照射样品时，分子发生散射，大多数光子进行弹性散射，在散射过程中分子的振动能量没有变化（瑞利散射）。在反斯托克斯拉曼散射中，分子在散射过程中从光子获得一定量的振动能量，因此反斯托克斯拉曼散射具有比入射光更短的波长。在斯托克斯拉曼散射中，发生相反的情况，分子在散射过程中损失一定量的振动能量，因此，斯托克斯拉曼散射具有比入射光更长的波长。拉曼峰用于记录与入射光的波数偏移，斯托克斯峰具有正波数偏移，反斯托克斯峰的偏移为负。

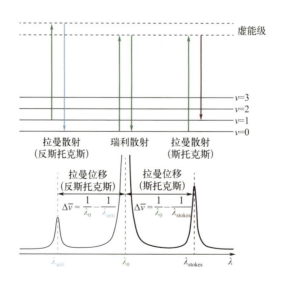

图1-49 斯托克斯和反斯托克斯拉曼散射

图 1-50 展示了 CCl_4 的拉曼光谱，其中标记了斯托克斯和反斯托克斯位移。因为反斯托克斯拉曼散射涉及分子振动能量的吸收，分子处于较高的振动能级（$v>0$）才能发生。

在平衡状态下，大多数分子处于 $v=0$ 能级，因此反斯托克斯谱线明显弱于斯托克斯谱线，如图 1-50 所示。因此在常规拉曼测试时，通常只测量更强的斯托克斯谱线。

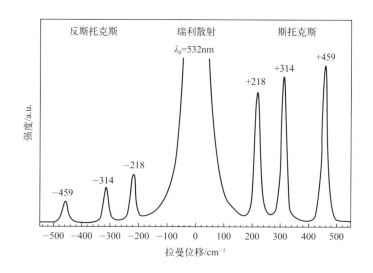

图 1-50　用 532nm 激光激发的 CCl_4 的拉曼光谱

光学显微镜

1.12.1　什么是正置显微镜与倒置显微镜

选择显微镜时需要考虑物镜相对于样品的位置。如图 1-51 所示，使用正置显微镜时,物镜位于样品上方;使用倒置显微镜时,物镜位于样品下方。尽管在结构和外观上存在差异,但它们对样品具有相同的成像能力,适用于不同的样品类型。

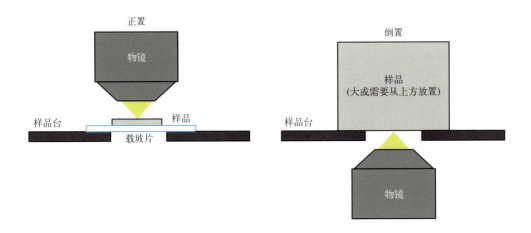

图1-51　正置和倒置显微镜中物镜相对于样品台和样品的方向

用正置显微镜观察样品时,样品表面朝上(朝向位于样品台上方的物镜)。大多数样品都可用正置显微镜成像,并可放置载玻片、微孔板以及专门的温度、压力或电化学样品台。然而,有两种情况不适合用正置显微镜,即样品太大而无法放在物镜下面或在成像过程中需要从上方放入样品。这两种情况需要使用倒置显微镜。

在倒置显微镜中,样品表面朝下(朝向位于样品台下方的物镜),这表明至少样品的这一侧必须是平的。倒置显微镜更适合活细胞成像,例如样品为活细胞培养系统(其中细胞沉到培养系统的底部,并且需要从上方进行液体介质交换)。

1.12.2　什么是反射照明与透射照明

由于可以用显微镜观察从不透明半导体芯片到半透明组织培养物等一系列光学性质各异的样品,因此大多数用户可根据具体样品选择反射或透射照明模式。图1-52为正置显微镜两种照明模式下的光路示意图。除此之外,倒置显微镜也有这两种照明模式。

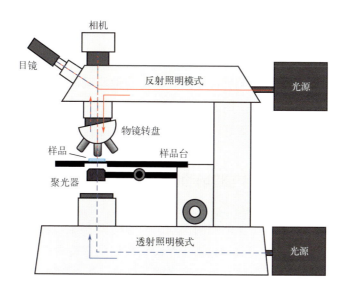

图1-52 有反射(红色)和透射(蓝色)照明模式的正置显微镜

如图1-52中的红色光路所示,反射照明模式被认为是不透明样品(如半导体芯片、聚合物、油漆、纸张、金属和药品)进行可视化的最佳模式。当使用反射照明模式观察样品时,光通过物镜到达样品表面,然后从样品反射后重新进入物镜。在重新进入物镜时,光线同时到达相机中,实现对样品的可视化。

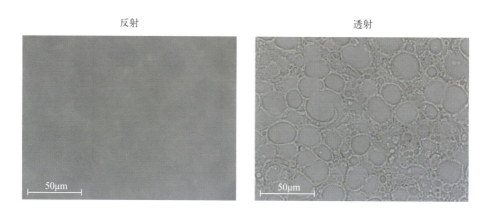

图1-53 固定在载玻片上的脂肪肝组织切片的反射和透射照明模式下的图像

当对非常薄或透明的样品,例如固定在载玻片上的细胞或组织培养物进行成像时,透射照明模式是优先选择。如图1-52中的蓝色光路所示,使用透射照明模式时,光穿过样品后进入物镜,从而更好地观察透明样品的形态。在透射照明模式中,由于入射光不像在反射照明模式中那样通过物镜,而是由位于物镜相反侧的聚光镜聚焦,并将其集中到样品上。在具有两种照明模式的显微镜中,通过切换开关可以改变光路的方向。图1-53为两种照明模式下的样品,其中透射照明模式比反射照明模式的对比度更好。

1.12.3 什么是明场照明与暗场照明

光学显微镜中有两种主要的照明模式,即明场和暗场照明模式。图1-54所示的反射明场照明模式中,光线通过镀银半反镜反射到物镜中心。在反射暗场照明模式中,引入挡光板,反射镜变为镀银环形全反镜,使光束沿物镜边缘向下。

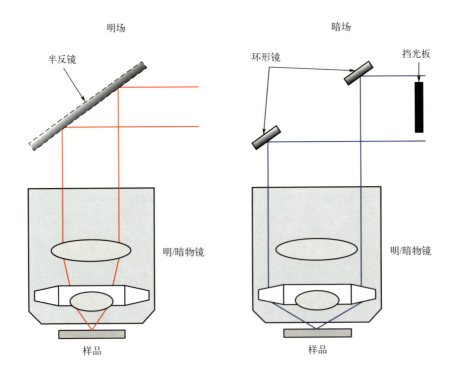

图1-54 显微镜内反射明场照明模式和反射暗场照明模式的差异

这两种照明模式的不同之处主要在于入射光的角度。一般来说，明场照明模式为从样品水平面45°~90°之间的锐角照射，而暗场照明模式为从0°到45°之间的斜角照射，如图1-55所示。在明场照明模式下，锐角光如果不被吸收，则主要被反射回物镜。这意味着，吸收特征将在明亮的背景下呈现黑暗。而暗场照明模式下，由于倾斜入射角，光通常不被反射到物镜中，从而导致暗背景。暗场照明模式用于检测样品中的缺陷和边缘，缺陷和边缘会使斜角照射的入射光散射到物镜中。

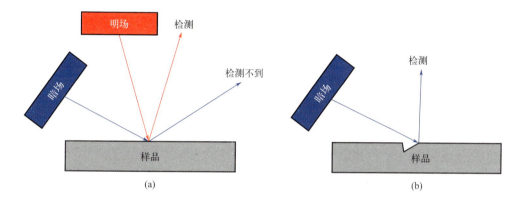

图1-55　明场和暗场照明模式下入射角的差异（a）；
暗场照明模式下缺陷散射光的检测（b）

暗场照明模式需要专门的光学器件，对于反射暗场照明模式（如图1-54所示），需要专门的暗场物镜和鼻架。透射暗场照明模式也适用，需要一个暗场聚光镜。如图1-56所示，样品由固定在载玻片上的各种硅藻组成，其中暗场照明模式比明场照明模式提供更好的对比度。从暗场照明模式图像中可以看出，将光散射到物镜中的硅藻边缘和精细结构的图像与背景形成了很好的对比，并且对比度相对于明场照明模式有显著改善。

正置显微镜和倒置显微镜，反射和透射照明模式以及明场和暗场照明模式是光学显微镜中最常见的术语。在进行光谱分析之前，针对不同类型的样品可选择不同照明模式，实现样品的可视化，并且可以在成像之前找到样品上感兴趣的特征。

明场	暗场
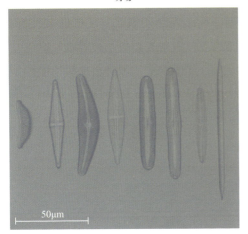	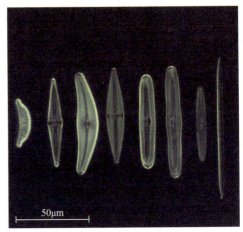

图1-56 使用明场照明模式和暗场照明模式观察固定在载玻片上的硅藻

显微镜中的激光光斑尺寸

在拉曼或荧光显微镜中,激光可以聚焦到的光斑大小是一个重要的参数,它取决于激光的波长和显微镜物镜的特性。

1.13.1 什么是艾里斑

当光线穿过光圈、孔径(如显微镜物镜)时,就会发生衍射。均匀照射圆孔产生的衍射图样称为艾里图样,如图1-57所示。它由一个被称为艾里斑的明亮中心圆组成,包含总光强度的84%,其余16%分布在一系列光强度逐渐减弱的同心环上。

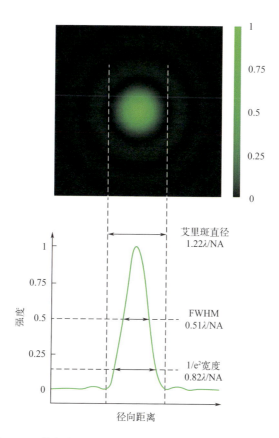

图1-57 激光光斑模拟的艾里图案和光斑尺寸的不同定义

艾里斑的直径（衍射图中最亮中心与光强度的第一个极小值之间的距离）为显微镜中通常所说的"光斑尺寸"，其直径取决于激光的波长和物镜的数值孔径：

$$艾里斑直径 = 1.22\frac{\lambda}{NA}$$

式中，λ 为激光的波长；NA 为物镜的数值孔径。

显微镜的横向空间分辨率极限与此方程密切相关，用 0.61 替换系数 1.22 来获得，被称为瑞利准则。艾里斑直径不是光斑大小的唯一定义。另外两个常用的定义是衍射图案半峰宽（FWHM）或 $1/e^2$ 强度的宽度，其近似值由下式得到。

$$FWHM = 0.51\frac{\lambda}{NA}$$

$$1/e^2\text{强度的宽度} = 0.82\frac{\lambda}{\text{NA}}$$

艾里斑直径代表了可实现的最小光斑尺寸，假设一个完美的光学系统没有像差，（这在实践中很难实现），同时假设物镜的后光圈被均匀照明。激光通常具有比物镜后光圈更窄的光束直径，并且不具有均匀的横向强度（通常具有高斯分布），用激光直接照射物镜会得到比上述公式更大的光斑尺寸。

解决方案是对激光进行扩束，使其光束直径大于物镜的后光圈，以获得近似均匀的照明，这就是所谓填充。填充的程度越大，就越接近均匀照明，光斑尺寸就越接近上述公式所得的光斑尺寸。这种光束填充以降低到达样品的激光强度为代价，并且需要权衡空间分辨率和通过物镜的激光功率的传输。

1.13.2　光斑与激光波长

光斑大小取决于激光波长，较短波长的激光提供较小的光斑尺寸、能够改善的空间分辨率。使用高倍空气物镜（100×0.9NA）在三种常见拉曼显微镜波长下可以实现的光斑尺寸如图1-58所示。

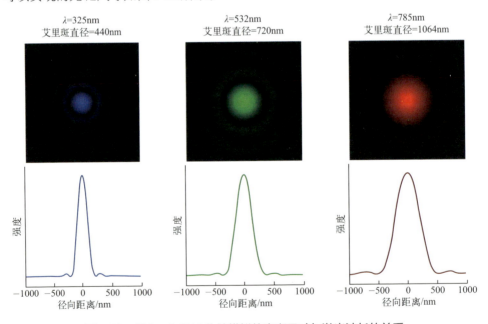

图1-58　100×0.9NA物镜模拟的光斑尺寸与激光波长的关系

1.13.3 什么是物镜的数值孔径

光斑尺寸也取决于物镜的数值孔径（NA），该数值孔径是光进入或离开透镜的倾斜角度的量度。

$$NA = n\sin\alpha$$

式中，n 为物镜和样品之间介质的折射率；α 为光锥进入/离开物镜的半角。

NA 取决于物镜的结构，通常随着物镜放大率的增加而增加。标准空气（$n=1$）物镜极限数值孔径 < 1，浸油物镜（折射率较高）的数值孔径可高达约 1.4。NA 越高物镜的接收角越大，可实现的光斑尺寸越小，三个常用的不同数值孔径的空气物镜的艾里斑如图 1-59 所示。

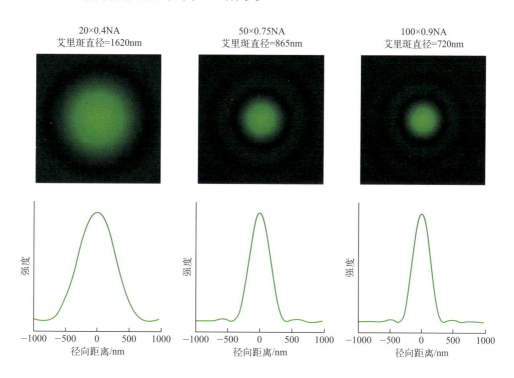

图1-59　532nm 激光模拟的光斑尺寸与物镜数值孔径的关系

需要注意的一点是，图 1-59 的模拟假设所有三个物镜的后光圈被均匀照明，通过光束扩展和光束填充物镜的后光圈来实现。然而，后光圈的直径会随着物镜放大率的增加而减小。在多物镜系统中，通常采用光束扩展对高倍物镜进行优化，这一点尤为重要。具有较大后光圈的较低放大率物镜（图1-59中的20×0.4NA）通常填充不足，光斑尺寸和衍射图案具有更多的激光高斯特性。

1.14 显微分辨的瑞利准则

显微荧光和显微拉曼的横向（XY面）分辨率经常使用著名的瑞利准则，即$0.61\lambda/\mathrm{NA}$来计算。

1.14.1 什么是点扩散函数

点发射体（如量子点）用显微镜成像时，由于衍射的原因，其图像是模糊的。显微镜像平面中点发射体的衍射图案用2D点扩散函数（PSF）描述。对于没有像差的完美成像系统，这种图案也称为艾里斑，如图1-60所示。它由一个明亮的中心圆组成，中心圆包含总光强度的84%，其余16%分布在一系列光强度逐渐减弱的同心圆环上。艾里斑的大小由下式得到：

$$\text{艾里斑直径} = 1.22\frac{\lambda}{\mathrm{NA}}$$

其中，λ是发射光或散射光的波长，NA是显微镜物镜的数值孔径。NA衡量物镜捕捉光线的能力，是物镜接收锥半角α的正弦值与样品和物镜之间介质的折射率n的乘积：

$$\mathrm{NA} = n\sin\alpha$$

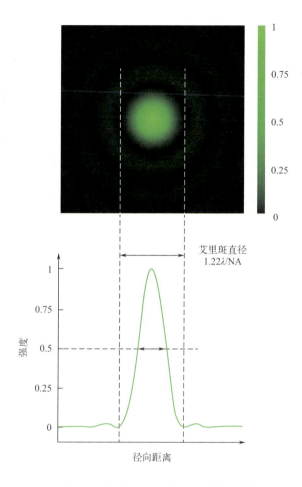

图1-60 点发射体的2D点扩散函数和艾里斑

1.14.2 什么是分辨率

分辨率可以被定义为两个对象的最小间隔,该间隔决定了它们之间一定水平的对比度。当两个物体放在一起时,它们的点扩散函数相加,两个物体的总点扩散函数就是显微镜成像的结果。当物体相距足够远时,物体的总PSF的强度下降,并且可以将它们区分为单独的实体,这称为可分辨(图1-61)。各种显微镜横向分辨率极限(瑞利准则只是其中之一)本质上是被分辨的物体之间的足够对比度水平。

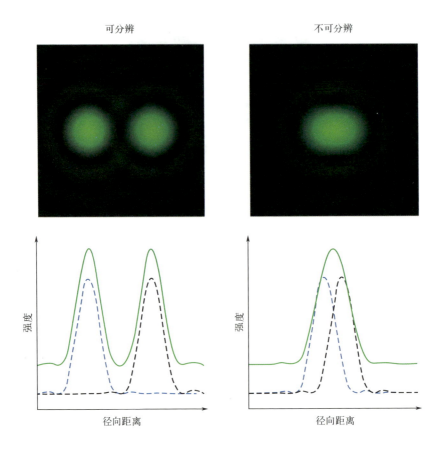

图1-61　不同径向距离的两个点发射体的重叠PSF和分辨率

1.14.3　什么是瑞利准则

瑞利准则以英国物理学家约翰·威廉·斯特拉特（瑞利男爵三世）的封号命名（1842—1919），他在19世纪后期研究了望远镜和显微镜的成像。如图1-62所示，他将分辨率极限定义为一个点发射体的艾里斑的中心最大值与另一个点发射体的艾里斑的第一个光强度最小值重叠的间隔[40, 48]；换句话说，点之间的最小可分辨间距是艾里斑的半径，由下式得到。

$$瑞利分辨极限 = 0.61 \frac{\lambda}{\mathrm{NA}}$$

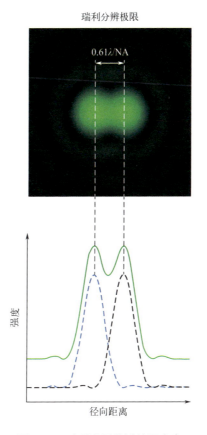

图1-62 瑞利准则分辨的两个点

瑞利准则基于人类视觉系统,并为观察者提供足够的对比度来区分图像中的两个独立的目标。因此,瑞利准则不是一个基本的物理定律,而是一个任意定义的值。斯特拉特自己在1879年也明确指出[40]:这条规则简单、方便;考虑到分辨率含义的不确定性,它是足够准确的。瑞利准则已经成为显微镜分辨率最普遍的定义之一。

1.14.4 什么是斯派罗准则

斯派罗准则是美国物理学家卡罗尔·梅森·斯派罗(1880—1941)在1916年提出的一种分辨率极限[49]。如图1-63所示,斯派罗准则:当总PSF在中点处没有

强度下降,而是在点之间有一个强度平台时,两个点发射体之间的间隔。因此,斯派罗准则小于瑞利准则的分辨极限,由下式给出:

$$斯派罗分辨极限 = 0.47 \frac{\lambda}{NA}$$

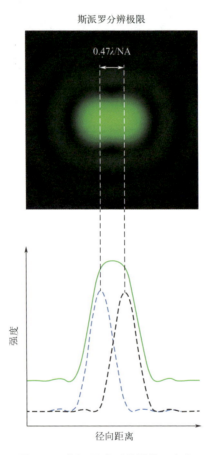

图1-63 斯派罗准则分辨的两个点

1.14.5 什么是阿贝准则

恩斯特·阿贝(1840—1905)是德国物理学家,对光学显微镜的设计和理论做出了开创性的贡献。他是蔡司光学工厂(现在的蔡司)的研究总监,引入了数值孔径的概念来描述光学系统。1873年,阿贝发表了关于显微镜成像的开创性论文——对显微镜理论和显微视觉本质的研究[50]。原论文为德语，英文翻译可在 Barry R. Masters 关于超分辨率显微镜的著作中找到[51]。阿贝 1873 年的论文里不包含方程，在这篇文章中，阿贝深刻地阐明了显微镜分辨率是由光的波长和物镜的数值孔径决定的，这后来被公式化为分辨率的阿贝准则（图1-64）：

$$阿贝分辨极限 = 0.50 \frac{\lambda}{\mathrm{NA}}$$

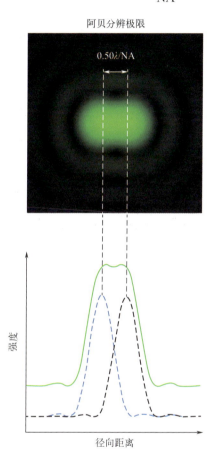

图1-64 阿贝准则分辨的两个点

1.14.6 什么是半峰宽

显微镜分辨率更实际的定义是点扩散函数的 FWHM（图1-65），其理论最小值为：

$$\text{FWHM} = 0.51 \frac{\lambda}{\text{NA}}$$

FWHM的优势：在实验室中，通过对模拟点发射体（如亚分辨率荧光珠）成像来测量，它可以用作实际显微镜系统的比较指标，而不是理论上的其他极限。

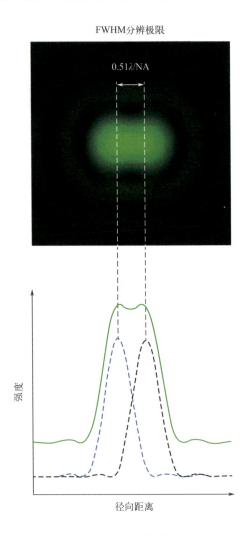

图1-65 FWHM分辨的两个点

1.15 红外光谱

1.15.1 什么是红外光谱

红外（IR）光谱是分析实验室中最常用的定性和定量光谱分析技术之一。它测量红外辐射与样品的相互作用，以提供化学鉴定。如图 1-66 所示，红外光谱研究的三个主要区域是近红外区 $14000 \sim 4000 cm^{-1}$、中红外区 $4000 \sim 400 cm^{-1}$ 和远红外区 $400 \sim 10 cm^{-1}$。

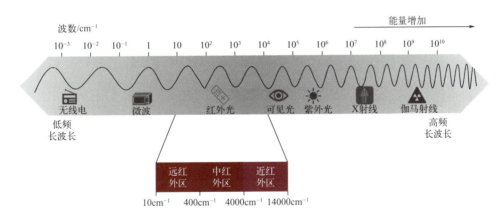

图 1-66 电磁波谱分布

中红外区域是最受关注的区域，因为它包含用于物质识别的特征波段，中红外区的红外光谱通常被认为是标准红外光谱。红外光谱仪检测引发分子振动的红外信号，分子内的官能团具有独特的振动能量，在红外光谱中特定波段产生信号响应，从而识别特定样品。固体、液体和气体均可以使用红外光谱进行分析（通用分析技术）。

1.15.2 红外光谱和拉曼光谱

发生偶极矩变化的分子具有红外活性，发生极化率变化的分子具有拉曼活性。

分子的偶极矩是指分子内正电荷和负电荷分布的不均匀程度。如果一个分子具有非零偶极矩，则具有不对称电荷分布，从而产生永久偶极子。偶极矩变化使分子具有红外活性。

极化率是指一个分子的电子云被外部电场扭曲的能力。当一个分子与入射光子碰撞，与光子相关的电场在分子的电子云中引起振荡。当分子发生振动或转动跃迁时，分子内的电子密度分布发生变化，导致极化率发生变化。极化率变化使分子具有拉曼活性。

CO_2是线型三原子分子，有4（$3N-5$）种振动模式。图1-67显示了其中两种振动，分别称为非对称和对称伸缩振动。

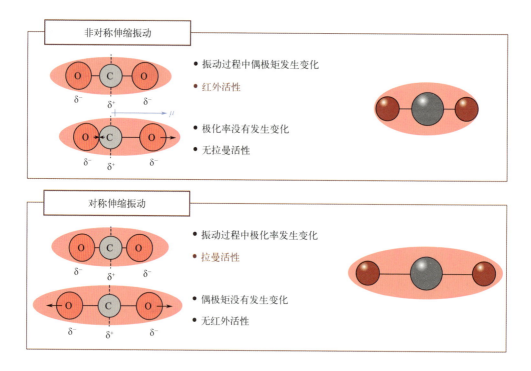

图1-67　CO_2的红外活性和拉曼活性

另一种形式的振动称为弯曲振动，振动过程中键角发生变化。弯曲振动有四种类型：面内摇摆、扭曲振动、剪式振动和面外摇摆。红外或拉曼光谱信号由伸缩和弯曲振动引起。二氧化碳有两种弯曲振动（频率相同，运动方向不同），这两种弯曲振动合并，在红外光谱中产生一个峰。

在分析复杂样品时，无法明确地判断是使用红外光谱还是拉曼光谱。一些通用的应用场景推荐参考。

(1) 含水样品

拉曼光谱在研究含有水的样品时具有一定的优势。水是一种非常弱的拉曼散射体，这意味着水对拉曼光谱没有影响。相反，羟基会强烈吸收红外辐射，红外光谱分析含水样品时，存在极大的挑战。

(2) 荧光效应的样品

拉曼光谱不受水干扰，但会受到强烈的荧光干扰。拉曼散射是一种固有的弱信号，荧光信号强度的数量级更高，激光会诱导样品、衬底或光学元件产生荧光信号，从而干扰拉曼散射信号。红外辐射则不会引发荧光效应（不存在电子的激发）。

(3) 对灵敏度需求较高的样品

在进行样品分析时，灵敏度至关重要。在这两种技术中，红外光谱相对来说更灵敏。然而，对特定官能团的灵敏性，两者都具有各自的优势。例如，拉曼光谱对晶体中的晶格振动特别灵敏，用于研究同质多晶；红外光谱对研究低浓度的反应中间体特别灵敏。

(4) 使用的简便性

相对来说，红外光谱仪是一种更简单的仪器。拉曼光谱的测试通常需要一系列测试来确定样品的最佳参数，例如激发光源和光栅的选择。这也许是红外光谱仪通常用于本科化学实验室，拉曼光谱仪多用于科学研究的原因。

1.15.3　什么是傅里叶变换红外光谱仪

第一台红外光谱仪诞生于1835年，并很快成为化学表征的工具。这台红外光谱仪是色散型红外光谱仪，色散型红外光谱仪中红外光被色散成连续频率（波长）的光，每个波长处的信号被连续检测。色散型红外光谱仪，需要很长时间才能获得目标波段的信号[52]。在20世纪60年代后期，随着傅里叶变换红外（FTIR）光谱技术的发展，红外光谱检测有了突破，现在，它几乎完全取代了色散型红外光谱仪。FTIR光谱仪同时测量所有频率，从而大大加快了采集时间，提高了信噪比和波数精度。

FTIR光谱仪（图1-68）的设计基于1891年由迈克尔逊设计的双光束干涉仪[53]，它的工作原理是使用分束器将光束分成两条路径，一条光束由固定的镜子（定镜）反射，另一条由移动的镜子（动镜）反射。在引入光程差后，它们在分束器处重新汇合，光束之间产生干涉。由于动镜的运动引起第二条光束移动距离的变化，产生的红外光具有变化的频率分布。检测器上的信号被记录为时域干涉图，然后进行傅里叶变换转换成频域信号，得到红外光谱[54]。

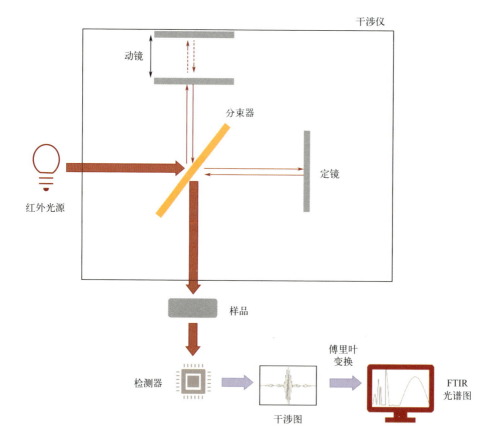

图1-68 傅里叶变换红外光谱仪结构

1.15.4 红外光谱常用测试方法

(1) 透射FTIR光谱法

透射FTIR光谱法是最传统的样品分析方法。如图1-69所示,入射红外光通过样品,透过的光被测量,产生以透射率(T)表示的FTIR光谱。

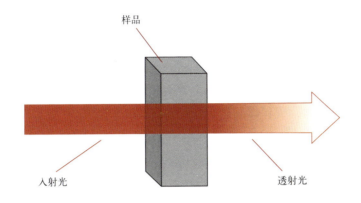

图1-69 透射FTIR光谱法示意图

透射FTIR光谱法可用于液体、固体和气体样品的分析。透射FTIR光谱法对气体检测至关重要,但透射FTIR光谱法的局限性则不利于固体和液体的样品分析。ATR-FTIR光谱法已取代透射FTIR光谱法成为较为常用的样品分析技术。

透射光测量通常需要样品制备,固体样品需要分散在KBr中并压成颗粒;测量液体时需要红外透明窗片,如CaF_2。这种方式放置样品,可能出现由于红外光束击中样品的位置不一致而导致的光谱重现性差。

(2) ATR-FTIR光谱法

ATR-FTIR光谱法是固体和液体样品分析的主要方法,因为它几乎不需要样品制备,而且它对样品是非破坏性的。在ATR-FTIR光谱仪中,入射光束被引导进入ATR晶体[内部反射元件(IRE)]。ATR晶体必须具有高折射率(高于样品的折射率)以防止光束穿过样品。当光线照射到IRE并从其内表面完全反射时,产生一个垂直投射到样品中的隐矢波,如图1-70所示。如果样品吸收一定量的能量,隐矢波衰减。衰减后的光束从IRE反射到检测器。

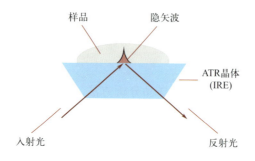

图1-70 衰减全反射示意图

为了获得光谱,样品和晶体之间必须有全面接触,ATR附件通过顶针(夹紧臂)对固体施加压力,确保样品和晶体之间的一致性接触。

ATR晶体有多种材料可选,选择哪种材料取决于应用领域。ZnSe晶体适用于常规分析,但较硬的样品会导致晶体破裂或破碎,强酸性或碱性样品会产生有毒烟雾。Ge晶体由于其穿透深度较小,适合于高折射率样品和表面分析。金刚石是ATR晶体的标准材料,它几乎坚不可摧,同时为加热ATR-FTIR光谱实验提供高导热性。

(3) 镜面反射

镜面反射是一种外部反射技术,不同于依赖内部反射的ATR晶体。如图1-71所示,在镜面反射中入射角等于反射角。该技术用于固体的光滑表面,特别适用于反射基质上的薄膜、大块材料、单层样品的分析。此类型的附件还可以测量涂覆在金属表面样品的透射-反射率(透反射)光谱。光谱包含来自涂层表面,以及下面金属表面的信息。这种方法最适用于测量金属表面的保护涂层。

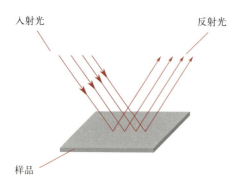

图1-71 镜面反射示意图

(4) 漫反射红外傅里叶变换光谱法

漫反射红外傅里叶变换光谱法（DRIFTS）是外部反射技术，用于收集具有粗糙表面的强吸收样品（如粉末）的红外光谱。如图1-72所示，红外入射光束照射样品，随后向各个方向散射。DRIFTS的主要应用领域为药物学和法医学实验室粉末样品的定性分析。

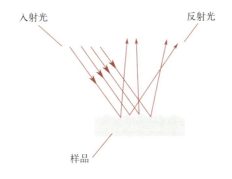

图1-72　漫反射示意图

(5) FT-PL

FTIR光谱仪通过升级配置可用于测量中红外区域的光致发光（PL）光谱。如图1-73所示，对于这种测量，需要一个激发激光，并引导激光至样品上。然后，样品的PL发射信号进入干涉仪后到达检测器。该技术主要用于检测稀土元素和半导体的MIR光致发光信号。

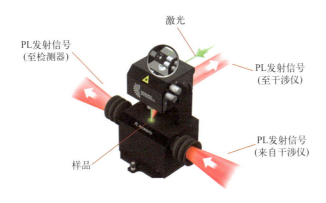

图1-73　爱丁堡IR5红外光谱仪的FT-PL附件

1.15.5 红外光谱的解析

分子具有红外活性（振动过程中必须有偶极矩的变化）时，可以进行红外光谱信号的响应检测。引起红外光谱信号的两种主要振动模式是弯曲振动（改变键角）和伸缩振动（改变键长）。伸缩振动比弯曲振动发生的频率更高，因为弯曲键比拉伸键需要更多的能量。

样品中的分子通常具有许多伸缩和弯曲振动，从而产生高度特异性的红外光谱。红外光谱可以分为四个主要部分，如图1-74所示。光谱的高波数段是单键伸缩振动的区域，例如水中的O—H在该区域有一个宽峰。2500～2000cm^{-1}之间可以观察到三键的伸缩振动，如乙腈中的C≡N。在2000～1500cm^{-1}之间为双键伸缩振动区，如羧酸中的C=O键会在该区域出现信号响应。在典型红外光谱中要关注的波段被称为指纹区。指纹区是光谱的一个复杂区域，包含几个伸缩和弯曲振动波段。虽然它是光谱中最难解释的区域，但它也提供了最具特征的信息，提供了样品的"化学指纹"。

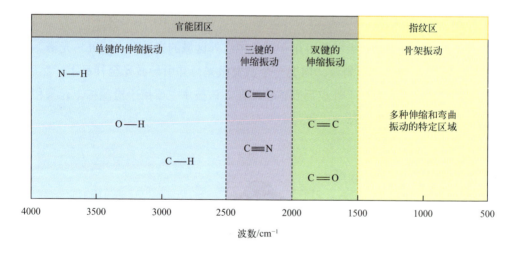

图1-74 中红外光谱波段反馈的样品信息

朗伯-比尔定律

朗伯-比尔定律（也称为比尔定律）是光通过物质的衰减与该物质的性质之间的关系。本节介绍物质对光的透过率和吸光度的定义，并对朗伯-比尔定律进行说明。

1.16.1 什么是透过率和吸光度

透过溶液的单色光入射强度为 I_0，透射强度为 I。溶液的透过率 T，为透射强度 I 与入射强度 I_0 之比，可表示为：

$$T = \frac{I}{I_0} \times 100\%$$

溶液的吸光度 A，与透过率以及入射和透射强度相关：

$$A = \lg \frac{I_0}{I}$$

$$A = -\lg T$$

吸光度与透过率成对数关系。吸光度为 0 对应 100% 的透过率，吸光度为 1 对应 10% 的透过率。表 1-2 给出了透过率和吸光度对应的其他值。图 1-75 为使用 510nm 激光通过三种具有不同吸光度的罗丹明 6G 溶液时，溶液的吸光度对通过它的光的衰减。

表1-2 吸光度和透过率的对应关系

吸光度	透过率	吸光度	透过率
0	100%	3	0.1%
1	10%	4	0.01%
2	1%	5	0.001%

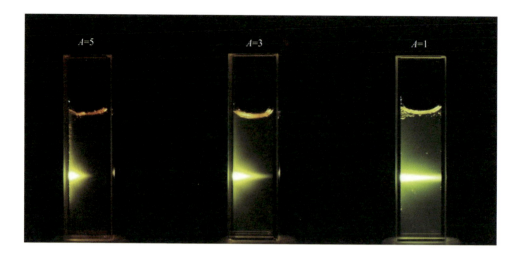

图1-75 510nm激光通过三种不同吸光度值的罗丹明6G溶液的衰减

(黄光是大约560nm处的荧光发射)

吸光度是一个无量纲的量,但会接触到在吸光度后注明a.u.单位的情况,这表示任意单位或吸光度单位。也常使用光密度或OD来代替吸光度。光密度在吸收光谱中,与吸光度同义[55]。

1.16.2 什么是朗伯-比尔定律

朗伯-比尔定律是吸光度与溶液的浓度、摩尔吸光系数和光学参数之间的线性关系:

$$A = \varepsilon cl$$

式中,A 为吸光度;ε 为摩尔吸光系数,L/(mol·cm);c 为物质的量浓度,mol/L;l 为光程长,cm。

摩尔吸光系数取决于样品的性质,是样品在特定光波长下的吸收强度的量度。浓度是单位体积溶剂中样品溶解的物质的量。长度是用于吸光度测量的比色皿的长度,通常为1cm。

朗伯-比尔定律指出,溶液的浓度和吸光度之间存在线性关系,这使得能够通过测量其吸光度来计算溶液的浓度。使用DS5双光束分光光度计测量五种罗丹明B水溶液的吸光度，如图1-76所示，根据这些吸收光谱，创建了吸光度与浓度的标准曲线。使用此标准曲线，未知罗丹明B溶液的浓度可以通过测量其吸光度来获得，这是朗伯-比尔定律的主要用途。

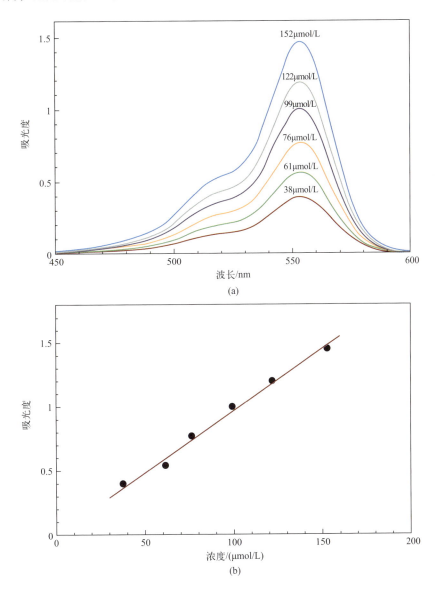

图1-76　使用DS5双光束分光光度计测量不同浓度的罗丹明B水溶液的吸收光谱（a）；
水中罗丹明B的标准曲线，在λ_{max}处测量（b）

瞬态吸收光谱

瞬态吸收（TA）光谱，也称为闪光光解，是一种泵浦-探针光谱技术，用于测量光生激发态吸收物质以及分子、材料和器件的相关寿命。泵浦-探测技术：通过样品被光源（泵浦脉冲）激发，从而测量第二光源（探测脉冲）的吸收随波长和时间的变化。该技术着重于测量激发态的单重态和三重态、电子和能量转移机制以及光产物反应等。瞬态吸收光谱对光化学科学具有广泛的意义，从了解植物中光合系统Ⅱ（PS-Ⅱ）的光捕获机制到人类视网膜的信号传递，再到优化太阳能电池和光驱动的光催化。

1.17.1 瞬态吸收的由来

该技术由George Porter和Ronald G.W.Norrish（图1-77）于1950年首次发表，他们发现二战中用于航空摄影的高强度闪光灯管可用于引发光活化反应[56]。这些研究为他们赢得了1967年诺贝尔化学奖，尤其是"由于他们通过非常短的能量脉冲干扰平衡而对极快的化学反应进行的研究"。

图1-77　Ronald G.W. Norrish（a）和George Porter（b）

在此之前，停流技术可将反应动力学限制在数百毫秒的时间范围内，瞬态吸收可以在微秒范围内进行测量。他们的工作开辟了一个新领域，可以研究快速的光化学反应。自从发现瞬态吸收以来，其时间分辨率一直在不断提高；在诺贝尔奖获得者Ahmed Zewail的推动下，瞬态吸收在1990年代达到了飞秒级。

1.17.2 什么是时间尺度和闪光光解

纳秒级TA（ns TA）光谱通常称为纳秒级闪光光解，并不总是涉及光解离。目前有两种时间尺度对应了不同的仪器需求，即纳秒级TA（ns TA）光谱和超快飞秒级TA（fs TA）光谱。两者也被称为泵浦-探测光谱法，两者报道的数据中均显示了光引发瞬态动力学和光谱随时间变化。fs TA光谱通常用于监测单线态激发态和快速过程，例如光异构化、溶剂弛豫和电荷注入。相比之下，ns TA用于研究从生物分子反应到太阳能电池中的三重态、能量转移、电子转移自由基、电子回转和三重态-三重态湮灭。

爱丁堡仪器公司专门从事ns TA测量，其可测量的寿命约为5ns至几秒钟。激发态是由光的激发脉冲（泵浦脉冲）产生的，瞬态物质的光谱和寿命通过测量在所需波长下光的基线（探测光）变化获得。该方法通常使用高能Nd：YAG激光器作为泵浦光源，并使用白光卤素灯泡或单个波长LED作为探测光源。使用示波器记录的光电倍增管（PMT）响应来监测寿命，并且可以从各个波长下的PMT响应中生成瞬态吸收光谱，或者使用增强型CCD（ICCD）相机更快地获取时间门控瞬态光谱。

1.17.3 什么是瞬态吸收光谱

图1-78显示的状态有基态（G）和激发态（A和B），纳秒瞬态吸收光谱仪具有白光探测光源和单波长泵浦激光器。在到达样品之后，探测光束通过单色器，从而可以在特定波长下测量样品的基态和激发态吸光度变化。

在没有光激发的情况下，大多数物质都处于基态（G）。在$t<0$时，在泵浦激光器激发样品并使探测光束入射到样品之前，检测器检测到基态（G）的吸收的强度，从而产生了光谱OD_0。泵浦脉冲在$t=0$到达样品并在激发态A下产生较多的非平衡物种。

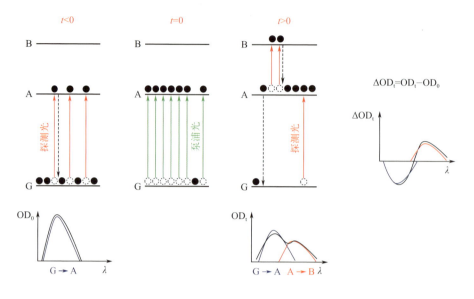

图1-78 瞬态吸收实验原理图

在$t>0$时,探测光在A→B以及G→A处检测到吸收。由激发态吸收而产生的新成分出现在OD_t的光谱中,并且基态吸收减少。G→A的吸收降低是由于泵浦脉冲耗尽了基态而导致的。这被称为基态漂白。

瞬态吸收光谱ΔOD_t测量了OD_t和OD_0之间的差异,代表了由泵浦激光脉冲影响的吸收变化。随着样品恢复到G状态,其ΔOD_t随时间变化,最终达到零。

激光诱导荧光光谱

激光诱导荧光(LIF)光谱是一种光谱技术,样品被激光激发,样品发出的荧光随后被光电检测器捕获。LIF光谱可以理解为一类荧光光谱,常用激发光源被激光取代。虽然激光现在也通常用作光致发光光谱仪的激发源,但激光诱导荧光光谱最初并不是为商业化仪器开发的，而是一种独立的激光光谱学技术。

1.18.1 激光诱导荧光光谱的由来

LIF光谱学最早由Richard Zare于1968年开发，用于检测气相样品中的原子和分子[57]。LIF光谱作为一种潜在的分析技术很快被发现，因为荧光强度与线性功率和溶液体系中的分析物浓度成正比。激光诱导荧光光谱与吸收光谱相比具有有趣的优势：零背景，对分析物的更高选择性，获得关于样品基态或激发态的旋转-振动结构的信息，以及使用脉冲激光可以获得时间分辨信息。此外，偏振相关的测试很容易实现，因为大多数激光束具有线性偏振特性。

LIF光谱学最早的应用之一是测量气相样品的温度，今天它被广泛用于火焰的分析[58]。这项技术很快就超脱了气相样品的检测的限制，进入液相样品的检测，它成为液相色谱和毛细管电泳（CE-LIF）的一项检测技术[59]。如今，激光诱导荧光光谱检测可以在许多场景中找到，从商业化分析仪器到先进的显微镜实验，通常用于生物和环境研究以及基础光谱学研究。

1.18.2 激光诱导荧光光谱的类型

不同类型的激光诱导荧光光谱取决于所使用的激光和检测系统。通常将该技术分为激发LIF光谱或发射LIF光谱。如图1-78所示，激光被用来激发分子从基态进入电子激发态。当分子回到基态时，荧光被光电倍增管（PMT）检测到。

激发LIF光谱中，激发波长使用可调谐激光来改变，这使得人们可以辨析激发态的振动结构。在液体样品中，分子从激发态单重态的最低振动能级发出荧光，衰减到基态的一系列振动能级，但发射光谱不能被检测系统分辨。在样品和PMT之间放置一个带通滤光片，以检测样品的所有发射强度，同时去除激光散射。

发射LIF光谱中，使用固定的泵浦光波长来激发样品，样品发射光谱的分析是使用单色器来选择检测波长。图1-79中显示了PMT的单点检测，但也可以使用阵列检测器（CCD或CMOS）在一次曝光下捕获全光谱。

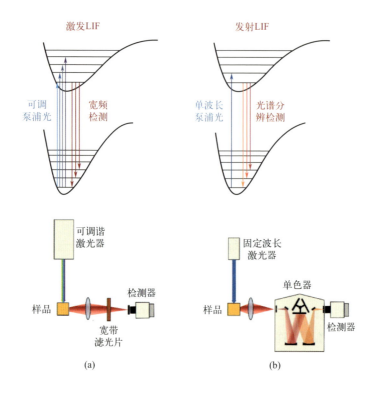

图1-79　激发（a）和发射（b）激光诱导荧光光谱的示意图

激光诱导荧光光谱也可以分为连续波和时间分辨LIF光谱。连续波（CW）LIF光谱利用连续激光进行激发，在只需要光谱信息时使用。在时间分辨LIF光谱中，脉冲激光被用来激发样品，检测其发射强度（单个波长或全光谱）并得到与时间相关的函数。这提供了有价值的时间分辨信息，如化学中间体的寿命及其相关的时间门控光谱演化。图1-80给出了在爱丁堡仪器LP980中测量的时间分辨LIF光谱示例。LP980中的ICCD能够在不同的时间延迟下获取完整的LIF光谱。

1.18.3　激光诱导荧光光谱解决方案

爱丁堡仪器公司将激光集成到FLS1000和FS5等发光光谱仪中，可以获得连续波和时间分辨LIF光谱。脉冲Nd：YAG激光器是常用的LIF激发源，可以与FLS1000和LP980光谱仪集成。LP980瞬态吸收光谱仪是专门为这些光源设计的，它可以配置一个专用于LIF光谱的支架。在这种配置（图1-81）中，探测灯被软件控制的快门挡住，因为这不是LIF所需要的，而泵浦光束被定向到收集光的样品上，以获得较高的LIF检测灵敏度。LP980光谱仪中的LIF配置最大限度地提高了检测到的信号强度，确保了仪器性能。

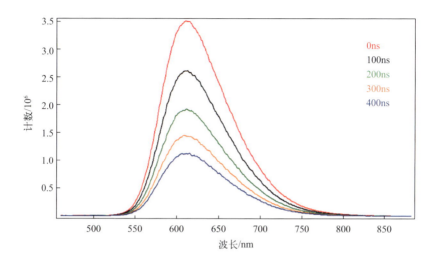

图1-80　不同延迟时间[Ru(bpy)$_3$]Cl$_2$的LIF光谱

（LP980中使用ICCD获得；λ_{pump}=450nm，E_{pump}=10MJ，门宽=100ns）

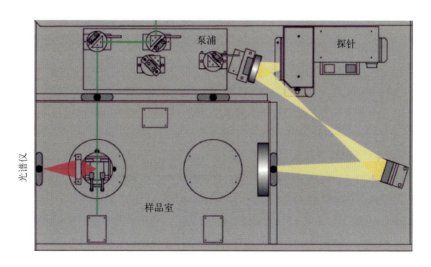

图1-81　LP980光谱仪的激光诱导荧光配置

参考文献

[1] Lakowicz J R. Principles of Fluorescence Spectroscopy[M]. 3rd Ed. New York: Springer US, 2006.

[2] Valeur Bernard, Brochon Jean-Claude. In New Trends in Fluorescence Spectroscopy: Applications to Chemical and Life Sciences[M]. Berlin: Springer, 2006.

[3] Valeur B, Berberan-Santos M N. Molecular Fluorescence: Principles and Applications[M]. 2nd Ed. Weinheim: Wiley-VCH, 2012.

[4] IUPAC. Compendium of Chemical Terminology[M]. 2nd Ed. Oxford: Blackwell Science, 1997.

[5] Demchenko A P, Heldt, Józef, et al. Michael Kasha: From Photo Chemistry and Flowers to Spectroscopy and Music[J]. Angewandte Chemie, 2014, 53(52): 14316-14324.

[6] Lewis G N, Kasha M. Phosphorescence and the Triplet State[J]. J Am Chem Soc, 1944, 66(12): 2100-2116.

[7] Kasha M. Characterization of Electronic Transitions in Complex Molecules[J]. Discuss Faraday Soc, 1950, 9: 14-19.

[8] Valle C del, Catalán J. Kasha's Rule: A Reappraisal[J]. Phys Chem Chem Phys, 2019, 21: 10061-10069.

[9] Wong Michael Y, Zysman-Colman Eli. Purely Organic Thermally Activated Delayed Fluorescence Materials for Organic Light-Emitting Diodes[J]. Adv Mater, 2017, 29: 1605444.

[10] Delorme R, Perrin F. Durées de Fluorescence des Sels D'uranyle Solides et de Leurs Solutions[J]. J Phys Radium, 1929, 10(5): 177-186.

[11] Lewis G N, Lipkin D, Magel T T. Reversible Photochemical Processes in Rigid Media. A Study of the Phosphorescent State[J]. J Am Chem Soc, 1941, 63(11): 3005-3018.

[12] Parker C A, Hatchard C G. Triplet-Singlet Emission in Fluid Solutions. Phosphorescence of Eosin[J]. Trans Faraday Soc, 1961, 57: 1894-1904.

[13] Uoyama H, Goushi K, Shizu K, et al. Highly Efficient Organic Light-Emitting Diodes from Delayed Fluorescence[J]. Nature, 2012, 492(7428): 234-238.

[14] Penfold T J, Dias F B, Monkman A P. The Theory of Thermally Activated Delayed Fluorescence for Organic Light Emitting Diodes[J]. Chem Commun, 2018, 54:

3926-3935.

[15] Christ S, Schäferling M. Chemical Sensing and Imaging Based on Photon Upconverting Nano- and Microcrystals: A Review[J]. Methods Appl Fluoresc, 2015, 3 (3): 034004.

[16] Goldschmidt J C, Fischer S. Upconversion for Photovoltaics – A Review of Materials, Devices and Concepts for Performance Enhancement[J]. Adv Optical Mater, 2015, 3: 510-535.

[17] Qiu H, Tan M, Ohulchanskyy T Y, et al. Recent Progress in Upconversion Photodynamic Therapy[J]. Nanomaterials, 2018, 8: 344.

[18] Joubert M F. Photon Avalanche Upconversion in Rare Earth Laser Materials[J]. Opt Mater, 1999, 11 (2/3): 181-203.

[19] Reddy K L, Prabhakar N, Arppe R, et al. Microwave-Assisted One-Step Synthesis of Acetate-Capped NaYF4: Yb/Er Upconversion Nanocrystals and Their Application in Bioimaging[J]. J Mater Sci, 2017, 52: 5738-5750.

[20] Wong K L, Bünzli Jean-Claude G, Tanner P A. Quantum Yield and Brightness[J]. J Lumin, 2020, 224: 117256.

[21] Jameson D M. Emission and Excitation Spectra[J]. Introduction to fluorescence; CRC Press: Boca Raton, 2014: 57-74.

[22] Levitus Marcia. Tutorial: Measurement of Fluorescence Spectra and Determination of Relative Fluorescence Quantum Yields of Transparent Samples[J]. Methods Appl Fluoresc, 2020, 8: 033001.

[23] Einstein Albert. On a Heuristic Viewpoint Concerning the Production and Transformation of Light[J]. Ann Phys, 1905, 17: 132-148.

[24] Rubin M B, Braslavsky S E. Quantum Yield: The Term and the Symbol. A Historical Search[J]. Photochem Photobiol Sci, 2010, 9: 670-674.

[25] Wawilow S J. Die Fluoreszenzausbeute von Farbstofflösungen[J]. Zeitschrift für Physik, 1924, 22 (1): 266-272.

[26] Marshall A L. Mechanism of the Photochemical Reaction between Hydrogen and Chlorine. III [J]. The Journal of Physical Chemistry, American Chemical Society, 1926, 30 (6): 757-762.

[27] Würth C, Grabolle M, Pauli J, et al. Relative and Absolute Determination of Fluorescence Quantum Yields of Transparent Samples[J]. Nature Protocols, 2013, 8 (8): 1535-1550.

[28] Rockley M G, Waugh K M. The Photoacoustic Determination of Fluorescence Yields of Dye Solutions[J]. Chemical Physics Letters, 1978, 54: 597-599.

[29] Fischer M, Georges J. Fluorescence Quantum Yield of Rhodamine 6G in Ethanol as a Function of Concentration Using Thermal Lens Spectrometry[J]. Chemical Physics Letters, 1996, 260 (1): 115-118.

[30] Joseph R. Lakowicz. Principles of Fluorescence Spectroscopy[M]. New York: Springer New York, 2006.

[31] David M. Jameson. Introduction to Fluorescence[M]. Boca Raton: CRC Press, 2014.

[32] Masters B R. Molecular Fluorescence: Principles and Applications, Second Edition[M]. Weinheim: Wiley-VCH Verlag GmbH, 2012.

[33] Levitus M. Tutorial: Measurement of Fluorescence Spectra and Determination of Relative Fluorescence Quantum Yields of Transparent Samples[J]. Methods and Applications in Fluorescence, IOP Publishing, 2020, 8 (3): 033001.

[34] Wong K-L, Bünzli J-C G, Tanner P A. Quantum Yield and Brightness[J]. Journal of Luminescence, 2020, 224: 117256.

[35] Gelernt B, Findeisen A, Stein A, et al. Absolute Measurement of the Quantum Yield of Quinine Bisulphate[J]. J Chem Soc, Faraday Trans. 2, The Royal Society of Chemistry, 1974, 70 (0): 939-940.

[36] Kozma I Z, Krok P, Riedle E. Direct Measurement of the Group-Velocity Mismatch and Derivation of the Refractive-Index Dispersion for a Variety of Solvents in the Ultraviolet[J]. Journal of The Optical Society of America B-optical Physics, 2005, 22: 1479-1485.

[37] Kimball J, Chavez J, Ceresa L, et al. On the Origin and Correction for Inner Filter Effects in Fluorescence Part I: Primary Inner Filter Effect-the Proper Approach for Sample Absorbance Correction[J]. Methods and Applications in Fluorescence, 2020, 8 (3): 033002.

[38] Ceresa L, Kimball J, Chavez J, et al. On the Origin and Correction for Inner Filter Effects in Fluorescence. Part II: Secondary Inner Filter Effect-the Proper Use of Front-Face Configuration for Highly Absorbing and Scattering Samples[J]. Methods and Applications in Fluorescence, 2021, 9 (3): 035005.

[39] Crosby G A, Demas J N. Measurement of Photoluminescence Quantum Yields: Review[J]. The Journal of Physical Chemistry, American Chemical Society, 1971, 75 (8): 991-1024.

[40] Rayleigh L. XXXI. Investigations in Optics, with Special Reference to the Spectroscope[J]. The London, Edinburgh, and Dublin Philosophical Magazine and Journal of Science, 1879, 8 (49): 261-274.

[41] Sillen A, Engelborghs Y. The Correct Use of Average Fluorescence Parameters[J]. Photochemistry and Photobiology, 1998, 67 (5): 475-486.

[42] Fišerová E, Kubala M. Mean Fluorescence Lifetime and Its Error[J]. Journal of Luminescence, 2012, 132 (8): 2059-2064.

[43] Zatryb G, Klak M M. On the Choice of Proper Average Lifetime Formula for an Ensemble of Emitters Showing non-Single Exponential Photoluminescence Decay[J]. Journal of Physics: Condensed Matter, 2020, 32 (41): 415902.

[44] Stokes G G. On the Change of Refrangibility of Light[J]. Mathematical and Physical Papers, 2009, 142 (0): 463-562.

[45] McCartney M, Whitaker A, Wood A. George Gabriel Stokes: Life, Science and Faith[M]. Kettering: Oxford University Press, 2019.

[46] McNaught A D, Wilkinson A. Compendium of Chemical Terminology (IUPAC Chemical Data) [M]. 2nd. Oxford: Blackwell Science, 1997.

[47] Raman C V. A New Radiation[J]. Current Science, Temporary Publisher, 1998, 74 (4): 382-386.

[48] Rayleigh Lord. On the Theory of Optical Images, with Special Reference to the Microscope[J]. Journal of the Society of Dyers and Colourists, 1903, 23: 447-473.

[49] Sparrow C M. On Spectroscopic Resolving Power[J]. Astrophysical Journal, 1916, 44 (2): 76.

[50] Abbe E. Beiträge zur Theorie des Mikroskops und der Mikroskopischen Wahrnehmung[J]. Archiv für Mikroskopische Anatomie, 1873, 9 (1): 413-468.

[51] Barry R M. Superresolution Optical Microscopy: The Quest for Enhanced Resolution and Contrast[M]. New York: Springer, 2020.

[52] Theophanides T. Infrared Spectroscopy-Materials Science, Engineering and Technology [M]. Croatia: InTech, 2012.

[53] Gremlich H. Ullmann's Encyclopedia of Industrial Chemistry[M]. Germany: Wiley-VCH Verlag GmbH & Co. KGaA, 2000.

[54] Griffiths P R, de Haseth J A. Fourier Transform Infrared Spectrometry[M]. USA: John Wiley & Sons, Inc., 2007.

[55] McNaught A D, Wilkinson A. IUPAC Compendium of Chemical Terminology[M].

2nd. UK: Blackwell Science, 1997.

[56] Porter G. Flash Photolysis and Spectroscopy. A New Method for the Study of Free Radical Reactions[J]. Proceedings of the Royal Society of London. Series A. Mathematical and Physical Sciences, 1950, 200 (1061): 284-300.

[57] Tango W J, Link J K, Zare R N. Spectroscopy of K2 Using Laser-Induced Fluorescence[J]. Journal of Chemical Physics, 1968, 49 (10): 4264-4268.

[58] Daily J W. Laser Induced Fluorescence Spectroscopy in Flames[J]. Progress in Energy and Combustion Science, 1997, 23 (2): 133-199.

[59] Zare R N. My Life with LIF: A Personal Account of Developing Laser-Induced Fluorescence[J]. Annual Review of Analytical Chemistry, 2012, 5 (1): 1-14.

第 2 章

分子光谱测试技术

2.1　光谱仪
2.2　荧光测试和仪器
2.3　FLS1000 检测器的选择
2.4　时间相关的单光子计数
2.5　TCPSC 进行荧光寿命的测试
2.6　多通道缩放扫描技术
2.7　荧光寿命标准数据表
2.8　拉曼光谱和拉曼散射
2.9　共振拉曼光谱
2.10　表面增强拉曼散射
2.11　共聚焦显微拉曼技术以及光谱仪
2.12　拉曼光谱的空间分辨率
2.13　针孔在共聚焦显微拉曼技术中的作用
2.14　拉曼光谱测试中激光器的选择
2.15　拉曼光谱测试中检测器的选择
2.16　拉曼光谱仪的光谱分辨率
参考文献

2.1 光谱仪

广泛意义上来说,光谱仪是用来测量在一定范围内物理特性变化(即光谱)的仪器。在质谱仪中,此物理特性是质荷比谱;在核磁共振谱仪中,此物理特性是核共振频率的变化。在光谱仪的测试中,光的吸收和发射强度随波长变化(图2-1)。

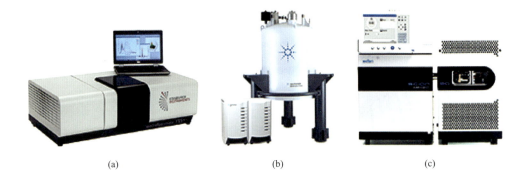

图2-1 研究实验室中常见的三种仪器

(a) 光学光谱仪(爱丁堡Edinburgh Instruments FS5荧光光谱仪);(b) NMR 核磁共振谱仪(安捷伦Agilent 800 MHz核磁共振谱仪);(c) 质谱仪(赛里安Scion GC-MS质谱仪)

用于研究的普遍光谱仪是光学光谱仪。当人们简单地说起"光谱仪",没有额外的限定词时,通常指的是光学光谱仪。

2.1.1 光学光谱仪的工作原理

任何光学光谱仪的目标都是测量电磁辐射与样品的相互作用(吸收、反射、散射)或样品电磁辐射的发射(荧光、磷光、电致发光)。光学光谱仪涉及电磁波谱光学区域内的电磁辐射,该电磁波谱是分布在紫外光、可见光和红外光区域的信号。

为了获取丰富的光学信息,光的吸收强度或样品发射强度作为波长的函数来测量,因此所有光学光谱仪的共同特征是关注波长选择。低成本光谱仪或不关注精确波长选择时,可以使用光学滤光片分离出目标波长区域。为了精确地选择波长和生成光谱,需要一个色散元件将光色散成不同波长的光。在现代光谱仪中,使用衍射光栅作为色散元件,相长干涉和相消干涉在空间上分离入射到光栅上的复色光(图2-2)。

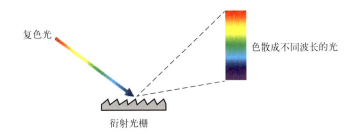

图2-2 衍射光栅将光色散成不同波长的光

衍射光栅是单色器至关重要的部件,单色器是一种用于从多色光源中选择特定波长光的装置。在单色器中,衍射光栅通过旋转来改变波长的同时对准出射狭缝使其穿过狭缝。在所有分光光度计或光谱仪中都有激发单色器,选择白光中所需的激发波长光(图2-3中的激发单色器),使其照射至样品,通过扫描单色器并测量作为激发波长函数的信号变化来得到激发光谱。

检测样品发出的光有两种方法。第一种是使用发射单色器,其工作原理与上述相同,只是光源换成样品的发射光,用单色器选择到达检测器的光的波长(图2-3中的发射单色器)。第二种方法是使用阵列检测器(如CCD相机)"一次性"检测样品的发射光谱,称为摄谱仪(图2-3中的摄谱仪)。所有荧光光谱仪和拉曼光谱仪中至少有一个发射单色器或摄谱仪。

图2-3为高度简化的单色器和摄谱仪的基本工作原理。而爱丁堡仪器FS5和FLS1000使用的单色器是更复杂的切尔尼-特纳设计,有两个狭缝和两个椭球镜,以获得更好的性能,但原理相同。

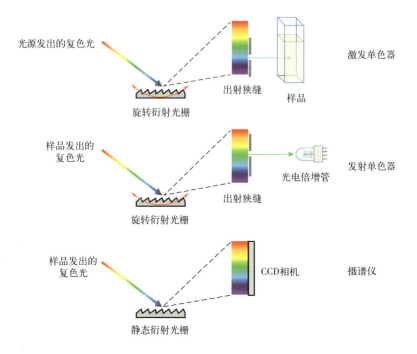

图2-3 单色器和摄谱仪的基本工作原理

2.1.2 光学光谱仪的类型

三种常用的分光光度计：紫外-可见分光光度计、荧光光谱仪和拉曼光谱仪。

2.1.3 什么是紫外-可见分光光度计

分光光度计一词可以指各种测量光的仪器，其确切定义取决于科学或工业领域。在大多数情况下，术语"photo"用于表示光谱仪定量测量波长的光强度。在学术研究（特别是化学和生物研究）中，术语分光光度计专门指测量样品对光吸收的光谱仪。

基础的单光束分光光度计结构如图2-4所示。其组成包括一个白光源，通常是由覆盖紫外区域的氖灯和覆盖可见光区域的钨卤灯组合而成；或使用一个氙灯来覆盖整个范围。光源通过连接一个激发单色器，选择照射在样品的波长。对于透明样品（如溶液），光通过样品（如图2-4所示）；对于不透明样品，光会从表面反射。透射光或反射光的强度由检测器进行检测并记录，检测器通常是光电倍增管或硅光电二极管。

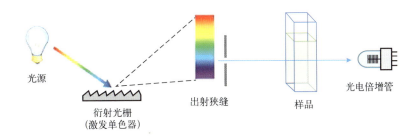

图2-4　单光束分光光度计的结构简图

除了独立的分光光度计，其测试功能也可以集成到其他类型的光谱仪中。如英国爱丁堡FS5荧光光谱仪，配置标准的透射光检测器，除作为一个荧光光谱仪，它还具有单光束分光光度计的所有功能。

用分光光度计进行测量样品得到吸收光谱。对激发单色器进行扫描，并在检测器上记录样品透射光的强度变化。然后使用参比样品重复操作进行对照。例如，图2-5是使用爱丁堡FS5荧光光谱仪测试荧光素在磷酸盐缓冲水溶液中的吸收光谱。

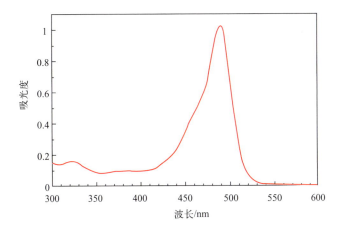

图2-5　使用爱丁堡FS5荧光光谱仪测定荧光素的吸收光谱

瞬态吸收光谱仪（图2-6），能够测量吸收光谱随时间的变化，对观察化学反应或短寿命光激发状态产生的临时物种至关重要。

图2-6　爱丁堡LP980瞬态吸收光谱仪

2.1.4　什么是荧光光谱仪

荧光光谱仪用于测试样品的荧光发射（通常是样品的光致发光）。不同仪器制造商会使用荧光光谱仪和荧光/光致发光光谱仪等名称。通常，荧光光谱仪是指与分光光度计尺寸相似的紧凑台式仪器，如FS5荧光光谱仪，而荧光/光致发光光谱仪是指性能优越和功能更多样化的更大的光谱仪，如FLS1000光致发光光谱仪。

2.1.5　什么是拉曼光谱仪

拉曼光谱仪用于测量样品的拉曼散射。典型的拉曼光谱仪结构图，如图2-7所示，它与荧光光谱仪相似，但也有一些关键的区别。首先，在拉曼光谱仪中，激光代替了荧光光谱仪中的白光源和激发单色器。拉曼效应是一种散射效应，因此光不会被样品吸收，不需要匹配吸收特征的宽带可调谐光源。其次，拉曼散射光比荧光弱得多（瑞利散射光与拉曼散射光之比约为10^6），因此具有高光子通量的光源对于最大化信号至关重要。

激光从样品中散射出来，并通过滤光片去除瑞利散射部分。剩余的拉曼散射光进入衍射光栅，用CCD检测器获取谱图，如图2-8所示为对乙酰氨基酚的拉曼光谱。

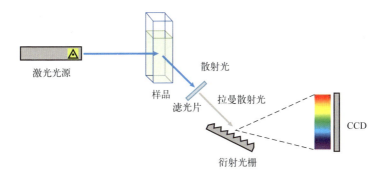

图2-7 拉曼光谱仪简易结构示意图

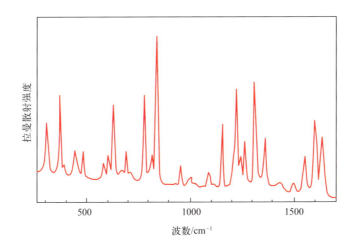

图2-8 对乙酰氨基酚的拉曼光谱

荧光测试和仪器

荧光（或更广泛地说，光致发光）测试是一种灵敏、无损的技术，使用简单,但需要先进优质的测试仪器。要获得良好的荧光测量结果,需要对荧光光谱仪的工作原理有基本的了解,并在实验室中进行测试实践。本部分将介绍稳态荧光光谱仪(最常见的类型)以及使用它们进行的荧光测量的基本类型。

2.2.1 荧光光谱仪介绍

荧光光谱仪的基本组成包括:白光源、激发单色器、样品室、发射单色器和检测器。高级先进的仪器能够耦合适配多种光源、检测器和各类样品支架。

图2-9为爱丁堡FLS1000光致发光光谱仪的结构示意图。稳态荧光测试需要连续的激发光源。通常使用连续的氙灯产生强白光,从230nm至近红外区范围连续可调。通过激发单色器选择所需波长的激发光,其聚焦在样品位置。单色器利用衍射光栅和狭缝来选择特定波长的光,随着光栅旋转,中心波长变化。狭缝控制通过单色器(图2-9中的单色器)的带通或波长间隔的宽度实现。双单色器提供更好的杂散光抑制,因此仪器的信噪比更高。

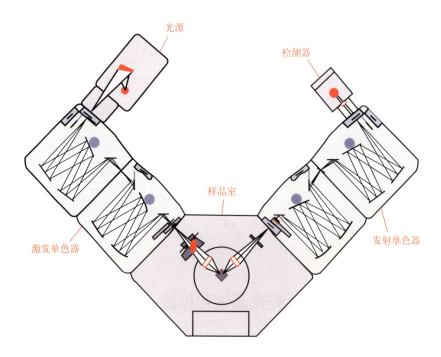

图2-9　爱丁堡FLS1000光致发光光谱仪的结构示意图

通常，由于斯托克斯位移发射波长大于激发波长，长波长的发射光由发射单色器分光，到达检测器进行检测，检测器通常是光子计数光电倍增管（PMT）。因此，任何杂光都必须被单色器有效地剔除，以避免发射光谱上出现任何背景干扰信号。激发和发射路径的夹角设置为90°，最大限度地避免激发光部分进入发射侧。

2.2.2 激发和发射光谱

荧光光谱仪通常测量两种类型的荧光光谱：激发和发射光谱。通过扫描激发波长并保持发射波长恒定，记录到达检测器的光子，可以获得激发光谱。激发波长恒定，扫描发射波长，以相同的方式记录得到发射光谱。可以通过同时扫描激发和发射波长，获得同步光谱。光谱提供了样品的吸收和发射特性的信息，通常绘制为计数（检测到的光子数量）与波长的函数。

图2-10显示了蒽在环己烷中的激发、发射和同步荧光光谱。X轴显示扫描的波长。发射波长设置为400nm时获得激发光谱，以356nm为激发波长测试得到发射光谱。Y轴为校正激发强度和检测器波长灵敏度差异后检测到的光子数量。先进的光谱仪可提供激发和发射的光谱校正并自动开启使用。

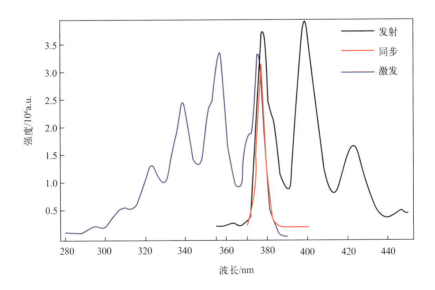

图2-10　蒽在环己烷中的激发、发射和同步荧光光谱

2.3 FLS1000检测器的选择

FLS1000光致发光光谱仪具有灵活配置和拓展性，最多可以配备5个不同的检测器（当升级为两个发射单色器时，最多可以耦合8个检测器），包括模拟检测器、快速响应的检测器或近红外敏感的光电倍增管（PMT）。本章节将介绍如何根据应用选择合适的光电倍增管检测器。

2.3.1 样品的发射波长范围

对于检测器，最基本的要求是检测范围需要能够覆盖样品的发射波长范围，图2-11是爱丁堡仪器检测器所覆盖的光谱范围的汇总。PMT-900是FLS1000的标

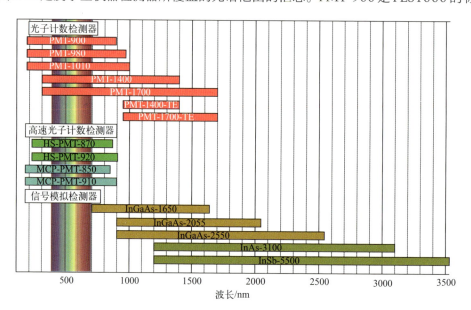

图2-11 各类检测器的检测范围

（PMT-1400、PMT-1700、InAs-3100、InSb-5500需要液氮冷却，其他的为电制冷）

准可见光电倍增管,PMT-980 为 PMT-900 的升级替换选项,能够检测至 980nm 的波长。快速响应的检测器只能覆盖可见光范围,而对于中红外范围,只有模拟检测器能够覆盖。光子计数的近红外 PMT 有液氮或电制冷模式,光谱范围可高达 1650nm。

同时,还需要考虑检测器的灵敏度。通常,沿着光谱曲线范围,在边缘处灵敏度较低。此外,仪器的灵敏度与检测器组合的光栅有关。光栅的效率取决于波长,这对系统的光谱响应曲线影响很大。因此除了考虑检测器覆盖的光谱范围外,建议使用合适的光栅配合检测器的光谱范围。如果对于某个特定波长范围区域感兴趣,也可以选择相应的光栅进行优化。

2.3.2 样品是否高亮

样品发射量子产率高低也是选择检测器时考虑的因素。FLS1000 检测器可分为模拟计数(低灵敏度)和光子计数(高灵敏度)。在大多数情况下,选择制冷型检测器将降低检测器暗噪声,从而提高信噪比。

光电倍增管检测器在光子计数模式下工作,其中暗电流和电压波动产生的噪声可以通过电子部分设置而消除,获取高信噪比,能够检测到微弱的荧光信号。一些型号的光子计数检测器,如 PMT-1400 和 PMT-1700,有较高的暗噪声,灵敏度低于可见光区的 PMT,但其灵敏度仍高于模拟检测器。

模拟检测器不能检测单个光子,其信噪比要低得多;但对于大于 1650nm 波长的检测,模拟检测器是目前商业化的唯一解决方案。爱丁堡仪器荧光光谱仪配置的模拟检测器增加锁相放大器,从而提高了其 InGaAs、InAs 和 InSb 模拟检测器的信噪比,增强了检测信号。

$$每秒最少检测光子数 = \frac{\sqrt{暗计数率}}{量子效率(\lambda)} = \frac{\lambda}{hc} \times \frac{\text{NEP}(\lambda)}{量子效率(\lambda)}$$

上面的等式中,第一个表达式用于光子计数检测器,如 PMT,第二个表达式用于模拟检测器(NEP 是指定波长下的噪声等效功率)。检测器的量子效率是入射光子和检测器产生的电子之间的比率,它在很大程度上取决于光的波长。

图 2-12 显示了信噪比为 1 时,需要到达检测器的每秒光子数量,这有助于比

较不同检测器的灵敏度。曲线是利用光子计数和模拟检测器的不同公式计算出来的，是波长的一个函数。

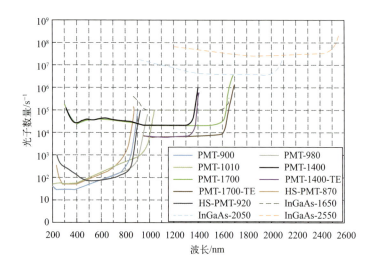

图 2-12　PMT-900 和模拟检测器之间的差异

从图 2-12 可以看出，PMT-900 和模拟检测器之间的差异可以达到 6 个数量级，这是在测量弱发射强度样品时需要考虑的问题。因此，选择合适的光源与检测器相结合很重要，例如 CW 激光器与中红外模拟检测器相结合。爱丁堡仪器公司可提供匹配应用的最佳光源和检测器组合的建议。

2.3.3　量子产率的测试需求

如果需要进行光致发光量子产率（PLQY）的测试，荧光光谱仪需要同时覆盖 PLQY 测试所需的吸收和发射区域。理想情况下，吸收和发射应该用同一个检测器测量，但也可以使用两个独立的检测器。如果使用两个检测器，则两个检测器之间需要具有光谱重叠的区域。例如，样品在 500nm 处吸收，发射在 1200~1300nm 范围时，可以使用 PMT-980 检测器测量吸收区域信号响应，用 InGaAs-1650 检测器测量发射区域信号响应。但是，不能使用 PMT-900 和 InGaAs-1650 进行 PLQY 测量，因为这两个检测器之间没有重叠的区域。

表2-1总结了可用于PLQY测量的可见光和近红外检测器组合配置,以及检测器之间的光谱重叠区域。

表2-1 用于PLQY测量的可见光和近红外检测器组合配置

检测器	PMT-1400	PMT-1400-TE	PMT-1700	PMT-1700-TE	InGaAs-1650	InGaAs-2050	InGaAs-2550
PMT-900	500～870nm	✗	500～870nm	✗	✗	✗	✗
PMT-980	500～980nm	✗	500～980nm	✗	870～980nm	900～980nm	900～980nm
PMT-1010	500～1010nm	950～1010nm	950～1010nm	950～1010nm	870～1010nm	900～1010nm	900～1010nm

2.3.4 样品寿命的时间尺度

如果需要检测时间分辨的光致发光（PL）信号，检测器的时间响应是另一个需要考虑的关键参数。样品的寿命范围决定最佳检测器的选择。

在瞬态荧光光谱仪中可以测量到的最短寿命取决于仪器响应函数（IRF），它是对仪器时间响应的一种测量。IRF取决于几个因素：光源的脉冲宽度、检测器的时间响应和电子抖动。

$$\text{FWHM}_{\text{IRF}} = \sqrt{\text{FWHM}_{\text{source}}^2 + \text{FWHM}_{\text{detector}}^2 + \text{FWHM}_{\text{electronic jitter}}^2}$$

式中，FWHM_{IRF}为仪器响应函数；$\text{FWHM}_{\text{source}}$为光源的脉冲宽度；$\text{FWHM}_{\text{detector}}$为检测器的时间响应；$\text{FWHM}_{\text{electronic jitter}}$为电子抖动。

如果使用光电倍增管检测器，$\text{FWHM}_{\text{detector}}$就是渡越时间分散（TTS）。渡越时间分散是对电子从光电阴极到阳极所需时间的测量，而TTS是渡越时间分散的半峰宽最大值。爱丁堡光谱仪标配的PMT-900的TTS值为600ps，但也有其他选择，如180ps的快速响应的检测器，或25ps响应的MCP-PMT。

最小可测寿命取决于FWHM_{IRF}，如下：

$$\tau_{\min} = \frac{1}{10}\text{FWHM}_{\text{IRF}}$$

式中，$\tau_{\min}$ 为仪器可测试的最小寿命尺度。

然而，上述公式并没有考虑到检测器的暗计数率，它限制了时间相关单光子计数（TCSPC）测量中的 $\tau_{\max}$。在高暗计数时，PL 衰减曲线的尾部掩盖测量的背景信号。根据经验，建议最大暗计数为光源频率的 5%。根据这一规律，$\tau_{\max}$ 可表示为：

$$\tau_{\max} = \frac{0.005}{\text{暗计数率}}$$

式中，$\tau_{\max}$ 为仪器可测试的最大寿命尺度。

例如，一个暗计数率为 50000 次/s 的近红外 PMT，使用一个重复频率大于 1MHz 的光源，则 $\tau_{\max}$ 为 100ns。

2.4 时间相关的单光子计数

时间相关的单光子计数（TCSPC）是一种公认的、应用最多的荧光寿命测量技术，在光子迁移测量、光学时域反射测量和飞行时间测量中十分重要。

TCSPC 的原理是检测单个光子以及单个光子相比于光源的同步信号到达检测器的时间。TCSPC 是一种统计方法，需要高重复性光源来累积足够数量的光子以达到所需的统计数据精度。

TCSPC 的电子部分可以比作一个具有两个输入的快速秒表（图 2-13）。这个秒表由 START 信号脉冲触发，并由 STOP 信号脉冲停止。一次 START-STOP 循环所测量的时间记录在直方图中，X 轴表示时间通道。使用高重复频率光源，可以在短时间内测量数百万次 START-STOP 循环。最终所得的直方图计数值相对时间函数，实际上代表了荧光强度相对时间的曲线。

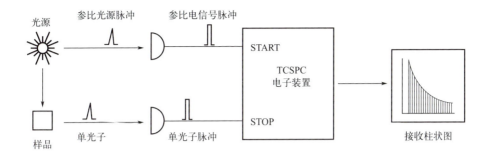

图 2-13　TCSPC 具有两个输入的快速秒表

通常，输入 TCSPC 电子部分的单次脉冲（START 或 STOP）都是由一个单光子产生的。单光子能够被具有固有高增益的光电检测器检测到。大多数的光电检测器是光电倍增管或微通道光电倍增管，但也有单光子雪崩光电二极管。从统计学的角度来看，确保每次闪烁时检测不超过一个光子十分重要。多光子检测将影响直方图的统计，引起测量误差。为了确保每个灯闪烁时仅检测到一个光子，检测器测试光子速率需要保持较低的数值；与光源频率相比，通常为 5% 或更低。

2.4.1　TCSPC 的电子部分

TCSPC 信号处理的主要组成部分为恒比鉴相器（CFD）、电子延迟（DEL）、时幅转换器（TAC）、放大器（在 TAC 和 ADC 之间）、数模转换器（ADC）和数字存储器（MEM），如图 2-14 所示。

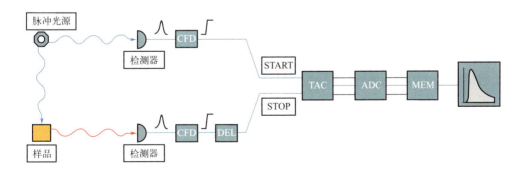

图 2-14　TCSPC 中信号处理的主要组成部分

当电子部分有输入信号时，到达的脉冲信号会根据脉冲高度进行评估。只有脉冲高度高于某个阈值的信号能被接收端接收用于进一步的信号处理。因此，小振幅的噪声信号会被屏蔽消除。

分别位于START和STOP侧的恒比鉴相器会接着分析各个脉冲的形状。输入脉冲（通常为负脉冲）的初始边缘最陡的斜率部分会被选择作为时间位置。斜率位置的选择主要取决于分数、恒定分数延迟（或形状延迟）和过零电平。

阈值、分数、恒定分数延迟（或形状延迟）和过零电平取决于使用的检测器类型。

CFD的输出处信号脉冲被重塑成标准高度和形状，可以通过电子位移延迟来调节。这个延迟设置会使整个测量曲线在时间轴上向左或者向右移动。

TAC相当于一个快速秒表，由START触发，由STOP停止。START信号会触发信号斜线上升的增长。斜线增长的高度取决于STOP脉冲到达的时间。一旦斜升电压停止，高度将保持恒定在一个特定的周期内。TAC输出的脉冲会被放大，因此可以有效地拉伸时间轴。最小和最大可得的（放大）TAC脉冲振幅决定了时间范围。

经过放大的TAC输出脉冲是一个模拟脉冲，其高度对应单个START-STOP循环中的测量时间。这个脉冲高度会被一个数字脉冲高度测量装置ADC进行进一步处理，ADC的分辨率决定了有离散时间的可能性。所有可能的TAC脉冲振幅被放入不同的时间通道。时间通道的宽度（时间分辨率）是全部时间范围和ADC通道分辨率的比值，经常以ps/通道或者ns/通道为单位。

2.4.2 TCSPC的工作模式

在TCSPC的应用中有两种不同的工作模式：正向和反向模式（图2-15）。在正向模式中，光源的脉冲与START相连，该脉冲速率（通常是等距周期性脉冲）远远大于连接到STOP上检测器的随机脉冲速率。正向模式的优点在于不需要移位延迟或移位延迟相对较小，更长延迟时间的光子会显示在较长的时间尺度上。因此不需要额外的时间尺度转换。

如果光源的闪烁频率太高，正向模式的缺点会显现。因为大量的TAC循环过程会被START信号触发，而不会被STOP信号停止，此时需要在溢出上进行重新

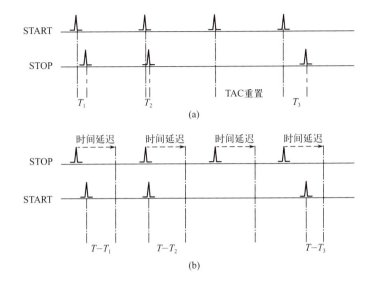

图2-15 正向模式（a）和反向模式（b）

设置。电子部分需要进行比实际多20倍的时间处理。对于电子电路来说，每秒工作的上限（整个体系的死时间）也就是最高的计数率，会减少为1/20，为了避免这种现象（以及充分利用信号处理能力），TCSPC将以另外一种模式进行工作，即反向模式。在这种模式下，带有高频计数率的光源信号会连接到STOP接口而低频的连接到START接口。这种工作模式的缺点是光源脉冲需要一个长时间延迟，使其到达TAC的时间要晚于检测器带来的START脉冲。一般来说，延迟都会稍微比所选的测量时间要长一些。在反向模式下，记忆直方图中的时间轴也会进行内部翻转，以匹配长时间延迟下的光子。

2.4.3 TCSPC的时间分辨率和寿命范围

TCSPC可以测量的寿命范围从5ps ~ 50μs（约为7个数量级），最低的检测限由TCSPC的电子部分决定，最高检测限由所能提供的获取合理准确度数据的时间决定。

大多数情况下，可测量的时间范围和时间分辨率不取决于TCSPC技术本身，而取决于光源和所用检测器。

寿命测试范围的最小值（τ_{min}）可以用以下公式来表示：

$$\tau_{\min} = \frac{1}{10}\sqrt{\text{FWHM}_{\text{light source}}^2 + \text{FWHM}_{\text{TTS detector}}^2 + \text{FWHM}_{\text{electronic jitter}}^2}$$

式中，$\tau_{\min}$ 为仪器可测试的最小寿命尺度；$\text{FWHM}_{\text{light source}}$ 为激发光的脉冲宽度；$\text{FWHM}_{\text{TTS detector}}$ 为检测器响应的宽度；$\text{FWHM}_{\text{electronic jitter}}$ 为电子抖动。

上式中的平方和是评价仪器响应函数的重要参数（也可以用散光剂代替荧光样品测量得到）。通常激发光的脉冲宽度（$\text{FWHM}_{\text{light source}}$）和检测器响应的宽度（$\text{FWHM}_{\text{TTS detector}}$）决定时间分辨率的极限。

寿命测试范围的最大值主要由激发光源的重复频率决定，但同时也会受到检测器暗噪声影响。如果在下一个激发脉冲到达样品之前，荧光没有足够的时间衰减到零，会使背景信号增强，从而限制动态范围。如果荧光完全衰减到峰值信号的 1/10000 以下，那么最大的可测量荧光寿命可以用以下公式估算：

$$\tau_{\max} = \frac{1}{10 f_{\text{light source}}}$$

式中，$\tau_{\max}$ 为仪器可测试的最大寿命尺度；$f_{\text{light source}}$ 为激发光源的频率。

对于具有高暗计数率的检测器来说，这个问题变得更加复杂。在获取数据的同时，背景会积累起来，这将限制动态范围。暗计数率越高，在长时间范围内的测量越不准确（特别是对于弱发射的样品）。建议最大暗计数率为光源频率的 5%，例如，一个典型的暗计数为 50000cps 的近红外 PMT 应使用 >1MHz 的光源。因此，最大寿命为 100ns，以使信号衰减到 1/10000。实际测试中，背景信号会掩盖衰减的结束，这意味着可以测量到几百纳秒的寿命。

2.5 TCPSC 进行荧光寿命的测试

时间相关的单光子计数（TCSPC）技术是一种测试荧光寿命的方法。这种技术在灵敏度、动态范围、数据准确度和精度上具有无可比拟的优势。

2.5.1 TCSPC的测量

TCSPC测量的是单光子，需要具有高重复频率脉冲输出的激光光源。因为捕获单个光子的过程每秒重复几千次甚至百万次，以获取足够多的单光子，进行荧光寿命测量并得到相应的衰减曲线。

每次只检测一个光子，所以激发样品时需要控制样品的信号强度，使用的脉冲光源脉冲能量不能过强，以避免样品降解以及非线性效应。

TCSPC是一种时域技术，通过数据累积，最后显示出来可以用于分析的是一张以信号强度相对时间为函数的图形，时间尺度通常是皮秒、纳秒甚至是微秒级别。图2-16显示了纵坐标以对数形式表示的多指数衰减的复杂动力学过程。

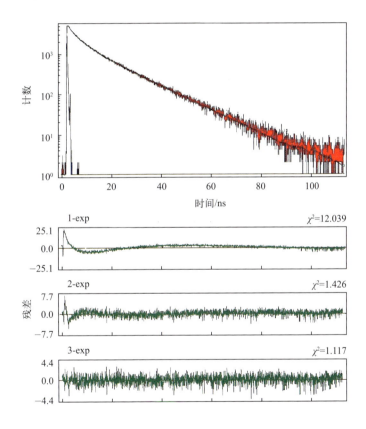

图2-16 三指数衰减曲线（纵坐标以对数形式显示）

（波动残差和χ^2数值显示这条曲线包含三个指数组分）

2.5.2 TCSPC的时间分辨率

TCSPC使用单光子计数的检测器，相比于其他技术，具有较高的时间分辨率。这使TCSPC从上转换、自相关技术和条纹相机技术中脱颖而出。TCSPC的一个很明显的优势是不需要使用模拟信号检测器的响应获得仪器响应函数。检测器模拟响应上升沿的抖动决定了IRF的宽度。模拟检测器会产生很大的计时抖动，而光电倍增管检测器的上升沿抖动（由光电子渡越时间扩展引起）通常仅为模拟脉冲的10%。

2.5.3 TCSPC的噪声统计

TCSPC是一种计数技术，主要是一种数字技术而不是模拟技术。唯一相关的数据噪声来源是泊松噪声（计数噪声，图2-17），泊松噪声是数据的均方根值。如果检测器检测到衰减曲线之外的一个单点数据，那么在标准偏差上同时引入了一个噪声误差。事实上我们知道噪声是大量数据分析产生的结果，其中每一个数据点需要重新进行权重表征。泊松分布的噪声实际上主要是动态范围造成的。

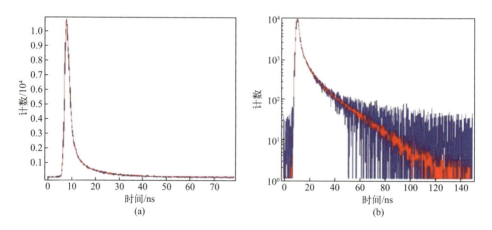

图2-17 典型的荧光衰减曲线（a），以及泊松噪声（红线）和高斯噪声（蓝线）(b)

2.5.4 TCSPC的动态范围

TCSPC数据遵循泊松分布。泊松噪声不是添加到衰减曲线的每个数据点的恒定噪声。每个数据点的噪声值不同，信号本身的平方根也不同。简单地说，大数据值比小数据值"噪声更大"。因此，与模拟技术相比，TCSPC可以更好地查看和分析更小的数据值。通常以半对数尺度显示的是TCSPC数据的泊松噪声。图2-17显示了线性和对数坐标尺度的对比，泊松噪声的统计方式得到的衰减曲线具有更高的动态范围。

2.5.5　TCSPC的时间范围

TCSPC可以覆盖7个数量级的时间范围。当我们使用飞秒激光器和超快检测器（MCP-PMT）的时候可以获得50ps的仪器响应函数。经过解卷积可以拟合得到的最短荧光寿命是约5ps（$5×10^{-12}$s）。寿命检测上限取决于激发光水平和用户预计用在获取数据上的时间（低频脉冲光源要达到相同计数时需要花费更多时间）。激发光源的重复频率、检测器的暗计数50ms是通常的检测上限。

2.5.6　TCSPC的稳定性

TCSPC对于激发光源脉冲强度的波动、检测器输出脉冲的波动和检测器的噪声信号是不敏感的。背景信号（服从泊松分布）可以通过设定阈值来消除，阈值设定可以只允许达到一定强度的脉冲信号通过。恒比鉴相器可以通过最快上升的脉冲来评估脉冲的时间位置，可以消除由光源不稳定性或者光电倍增管的脉冲高度特性带来的影响。

2.6 多通道缩放扫描技术

多通道缩放扫描（MCS）技术是一种测量磷光寿命的光子计数方法。在单次扫描的时间窗口收集多个光子，从而快速获取从几百纳秒到几秒的磷光寿命。

2.6.1 MCS技术的工作原理

在MCS测量中，使用激光或闪光灯等脉冲激发光源来激发样品，并记录由此产生的光致发光衰减信号。MCS技术的工作原理如图2-18所示，它以时间扫描为基础，检测不同到达时间通道的光子，从而绘制出光致发光衰减的直方图。该部分包含一个发射光子的检测器，检测器将电压传递给恒比鉴相器（CFD）；CFD会产生一个与振幅无关的电子信号；这些电子信号在存储器（MEM）中分类，形成时间与强度的直方图。

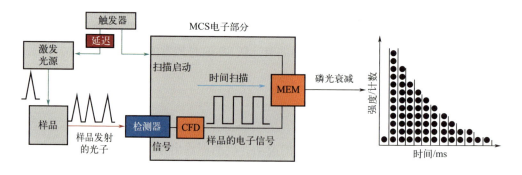

图2-18 MCS 的简化示意图

如图2-19所示，测量时间窗口被分成多个通道。开始时间扫描，然后脉冲激发样品。扫描从通道1开始，任何在通道1期间到达的光子都会被记录在存储器中，扫描转移到通道2，在通道2期间到达的光子也会被记录下来，以此类推，直到扫描覆盖了整个窗口。图2-19显示了两次时间扫描，共记录了11个光子。

当多个光子到达同一通道时，它们会被记录为具有相同的到达时间。MCS测量的时间分辨率取决于扫描通道的时间宽度。时间分辨率可以通过增加更多通道来提高，但由于电子设备的限制，时间分辨率通常被限制在最大值内。MCS技术不适合测试低于100ns的荧光寿命（由于低的时间分辨率），但却是测试磷光材料的最佳选择。

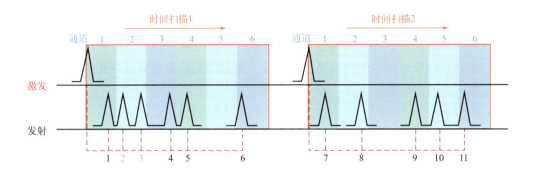

图2-19　MCS测试示例

[时间窗口（橙色）是通过多次收集设定数量的通道（蓝色）内的计数来建立的。
光子2和光子3到达同一通道，因此显示为同时到达]

2.6.2　MCS技术如何进行磷光寿命测试

图2-20显示了使用MCS技术采集到的单指数磷光寿命的示例。数据从衰减峰值到基线并进行了尾部拟合，得出119μs的单指数磷光寿命衰减。

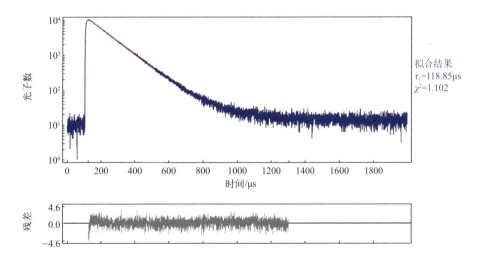

图2-20　铕化合物的磷光寿命衰减曲线（蓝色）、单指数尾部拟合曲线（红色）
以及该拟合的残差（灰色）

（FS5荧光光谱仪上使用脉冲氙灯激发）

样品可能会出现较短的荧光衰减和较长的磷光衰减。这两种衰减无法同时以高分辨率形式记录，但可以使用 MCS 技术，通过时间门控来区分磷光成分。时间门控通过在较早到达时间内关闭检测器，有效地使检测器对这些光子不进行信号采集，从而去除荧光成分。

2.6.3　MCS技术与TCSPC技术

记录光致发光衰减的另一种更常见的方法是时间相关单光子计数（TCSPC）技术。TCSPC 技术与 MCS 技术的主要区别在于，TCSPC 技术中的每个激发脉冲最多只能检测到一个发射光子（图2-21），而 MCS 技术中的每个激发脉冲可以检测到多个光子。

在TCSPC技术中，发射计数率必须保持在激光频率的5%以下，以避免多个光子到达检测器以及降低漏检的概率。如果使用较高的计数率，就会出现脉冲堆积现象，从而导致记录的衰变偏离[1]。

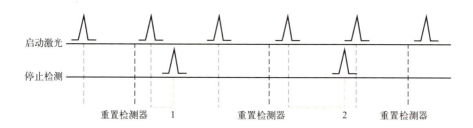

图2-21　TCSPC方法

（脉冲激光启动开始计数，检测到的单个光子作为停止信号）

在测量短荧光寿命时，TCSPC 技术采集时间很短，虽然有5%的限制，但高重复频率（MHz）激光仍可在几秒钟内记录数百万个衰变光子。但是，在测量较长的寿命时，由于激光重复频率必须降低，因此采集时间会变得越来越长。使用 TCSPC 技术获得磷光材料的寿命数据需要几个小时甚至几天的时间。

由于 MCS 技术可以在每个激发周期记录多个光子，因此采集时间远远低于 TCSPC 技术，尤其是在测量长寿命衰减时。与 TCSPC 技术相比，MCS 技术的缺点是时间分辨率较低（表2-2）。因此，在不需要 TCSPC 技术的飞秒时间分辨率的情况下，MCS技术是测量长寿命磷光样品的最佳技术，而且MCS技术较高的采集速度也是一个明显的优势。

表2-2　TCSPC技术与MCS技术的比较

方法	发光模式	记录时间寿命	分辨率	重复频率
TCSPC	荧光	ps，ns	高	高
MCS	磷光	μs，ms，s	低	低

荧光寿命标准数据表

标准样品的荧光寿命数据可用于荧光寿命光谱仪的校准以及检测器相应波长响应的解释。有效的标准荧光寿命数据应具有单指数荧光衰减，且衰减与激发和发射波长的选择无关。

荧光寿命标准数据由九个跨国研究机构共同合作完成[2]。每个研究机构使用时域和频域寿命光谱仪分别测量20种荧光基团和溶剂组合的荧光寿命，提供20种准确已知的荧光寿命。表2-3列出了研究报告中提到的平均寿命以及使用的激发、发射波长。

表2-3　平均寿命和测量时使用的激发、发射波长

化合物	溶剂	τ/ns[①]	λ_{ex}/nm	λ_{em}/nm
9-氰基蒽	甲醇	16±1	295～360	400～480
	环己烷	12.7±0.7	295～360	400～450
蒽	甲醇	5.1±0.3	295～360	375～442
	环己烷	5.3±0.1	295～360	375～442

续表

化合物	溶剂	τ/ns[①]	λ_{ex}/nm	λ_{em}/nm
香豆素 153	乙醇	4.3±0.2	295～442	495～550
9,10- 二苯基蒽	甲醇	8.7±0.5	295～360	400～475
	环己烷	7.5±0.4	295～360	400～475
赤藓红 B	水	0.089±0.003	488～568	550～580
	甲醇	0.47±0.02	488～568	550～590
N- 乙酰基 -L- 色氨酸酰胺	水	3.1±0.1	295～309	330～410
N- 甲基咔唑	环己烷	14.1±0.9	290～325	350～400
1,4- 双［2-（5- 苯基）噁唑基］苯	环己烷	1.12±0.04	295～360	380～450
2,5- 二苯基噁唑	甲醇	1.65±0.05	295～330	340～400
	环己烷	1.36±0.04	290～325	360～450
对三联苯	甲醇	1.17±0.08	284～315	330～380
	环己烷	0.98±0.03	290～315	330～390
红荧烯	甲醇	9.9±0.3	300，488，514	550～610
N-（3- 磺丙基）吖啶	水	31.2±0.4	300～330	466～520

① 引用的寿命是不同研究机构测量的平均值，误差是样品标准偏差。在测量之前将溶液脱气，由于氧气是一种荧光猝灭剂，非脱气溶液的测量值比此处给出的寿命更短。

注：均在20℃下测试样品，并使用冷冻-解冻循环法或惰性气体鼓泡法对溶液脱气。

2.8 拉曼光谱和拉曼散射

2.8.1 什么是拉曼光谱

拉曼光谱是一种利用散射光测量样品的振动能量模式的分析技术，以印度物理学家C. V. Raman的名字命名，他和他的研究伙伴K. S. Krishnan于1928年首次观察到拉曼散射。拉曼光谱可以提供样品的化学和结构信息，通过特定的拉曼"指纹"图谱识别物质。拉曼光谱通过检测样品的拉曼散射来获取。

光被分子散射时，光子的振荡电磁场引起分子电子云的极化，这使得分子处于更高的能量状态，光子的能量转移到分子。这种光子和分子之间非常短暂的结合通常被称为分子的虚拟状态。虚拟状态不稳定，光子会立即作为散射光，重新发射。

在多数散射中，分子与光子相互作用后能量不变，散射光子的能量和波长等于入射光子的能量和波长。这被称为弹性散射（散射粒子的能量守恒）或瑞利散射（图2-22），是主要的散射过程。

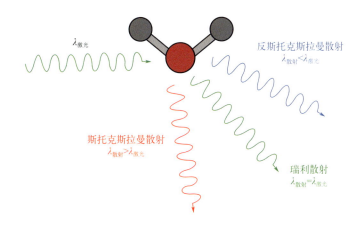

图2-22 光与分子相互作用时可能发生的三种散射过程

极少的情况（大约1000万个光子中有1个光子）下会发生拉曼散射，这是一种非弹性散射过程，分子和散射光子之间存在能量转移。如果分子在散射过程中从光子获得能量（激发到更高的振动能级），散射光子损失能量并且其波长增加，称为斯托克斯拉曼散射（图2-23）。相反，如果分子由于弛豫到较低的振动能级而失去能量，散射光子获得相应的能量，其波长减小，则称为反斯托克斯拉曼散射。量子力学中，斯托克斯和反斯托克斯拉曼散射过程发生的概率相同。但是，在分子体系中，大多数分子处于基态振动能级（玻尔兹曼分布），斯托克斯拉曼散射过程发生的概率更大（统计学概念），斯托克斯拉曼散射总是比反斯托克斯更强。因此，在拉曼光谱中，斯托克斯拉曼散射检测到的概率更大。

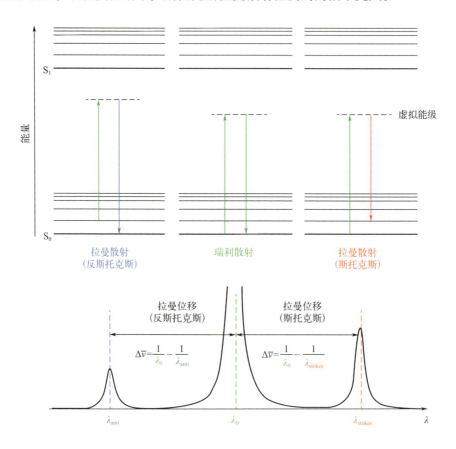

图2-23 瑞利散射、斯托克斯/反斯托克斯拉曼散射的发光机理

2.8.2 什么是拉曼位移

拉曼散射光的波长取决于激发光的波长。在使用不同激光器测量拉曼光谱的时候，拉曼散射波长成为一个无法比较的数字。因此，拉曼散射位置被定义为相对于激发波长的拉曼位移：

$$\Delta \bar{v}\,(\text{cm}^{-1}) = \left[\frac{1}{\lambda_0(\text{nm})} - \frac{1}{\lambda_1(\text{nm})}\right] \times \frac{(10^7\,\text{nm})}{(\text{cm})}$$

式中，$\Delta \bar{v}$ 为拉曼位移，cm^{-1}；λ_0 为激发波长，nm；λ_1 为拉曼散射的波长，nm。

2.8.3 拉曼光谱测试的振动模式

图 2-23 显示了拉曼光谱测量分子振动能级之间的能隙。图 2-23 所示的振动能级梯度是分子的单一振动模式。多原子分子包含许多振动模式，每个模式都有自己的振动能级梯度。

对于具有 N 个原子的非线形分子，振动模式的数量为：

$$3N-6$$

$3N$ 是分子的总自由度，它减去 3 个平动自由度和 3 个转动自由度，剩下 $3N-6$ 个振动模式。对于线形分子，少了一个旋转自由度，因此振动模式的数量为：

$$3N-5$$

不是所有的振动模式都可以用拉曼光谱测量。可测量的振动模式，必须是具有"拉曼活性"（在振动过程中分子极化率改变）的。

2.8.4 四氯化碳的拉曼光谱

四氯化碳（CCl_4）的拉曼光谱，如图 2-24 所示。CCl_4 是四面体分子，在 $100 \sim 500 cm^{-1}$ 范围内具有三个明显的拉曼活性振动（大约 $780 cm^{-1}$ 处有一个附加峰，此图未显示）。光谱的中心位置处，是激光波长的瑞利散射峰。该峰表示的瑞利散射比拉曼散射强数百万倍，通常被拉曼光谱仪中的陷波或边缘滤光片阻挡（为了清楚描述，在此将其包括在内）。CCl_4 包含的三个最强拉曼活性振动使得三个斯托克斯峰和三个反斯托克斯峰对称地分布于瑞利散射峰的两侧。如图 2-24 所示，反斯托克斯谱线比斯托克斯谱线强度弱，这是由于每个模式中，处于基态振动能级的分子更多。CCl_4 具有简单的拉曼光谱，相同的原理适用于所有样品。可通过测量样品的振动指纹图谱，即拉曼光谱，从中获得关于化学、结构以及物理性质的信息。

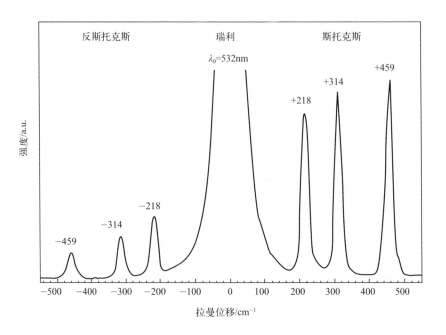

图2-24　532nm激光光源下的CCl_4拉曼光谱

共振拉曼光谱

共振拉曼光谱技术是一种拉曼散射增强技术，选择的激光激发频率接近样品的电子跃迁频率。共振拉曼光谱技术可以将拉曼散射强度提高$10^2 \sim 10^6$倍，并提高信噪比。增强的拉曼散射意味着可以使用更短的曝光时间、更短的光谱采集时间以及测试极低浓度的样品。

当激光激发频率与样品的电子跃迁完全匹配时，称其处于共振状态，如图2-25所示，出现最大增强的效应。因此，可调谐激光器是共振拉曼光谱的理想激发源。然而，只要激发频率足够接近电子跃迁频率，增强就会发生[3]。因此，系统研究共振拉曼散射的要求是激光激发频率接近所需要的正确频率。爱丁堡RM5共聚焦显微拉曼光谱仪可以集成多达三个激光器，方便从三种不同的激发波长中选择接近样品的共振波长。

共振拉曼光谱被认为是有选择性的，只有样品中最大光吸收部分会增强，称为发色团。只有与发色团相连的部分，拉曼散射会增强，这也简化了拉曼光谱的分析。发色团是赋予分子颜色的化学基团。因此，共振拉曼光谱可用于分析有色样品。

共振拉曼光谱的一个缺点是荧光增加，这会淹没拉曼散射信号。当将激光与吸收带匹配时，会发生吸收，此时，荧光很有可能会使拉曼峰模糊。图2-25展示了，与标准拉曼散射相比，荧光对于共振拉曼散射来说是一个更大的挑战。荧光的干扰限制了共振拉曼光谱对分子的研究。

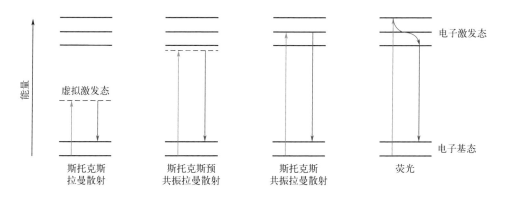

图2-25　拉曼散射、预共振拉曼散射、共振拉曼散射和荧光的能量图

共振拉曼光谱广泛用于分析紫外区的生物材料。远紫外区的紫外共振拉曼光谱对于研究核酸（如DNA和RNA）有很大的帮助。在蛋白质和多肽类物质UV区域的研究中获得相应的结构和折叠信息。在可见光区，共振拉曼光谱可以提供血红素基团、类胡萝卜素和色素的深度数据[4]。如果拉曼测试系统拥有合适的激光激发波长，并且样品荧光和损伤效应较小，则共振拉曼光谱技术是一种易于研究的测试技术。

2.10 表面增强拉曼散射

2.10.1 什么是SERS

表面增强拉曼散射（SERS）光谱技术是一种用于改善弱拉曼散射信号的增强技术。SERS光谱技术提供了拉曼光谱的所有优点，同时通过散射增强和荧光猝灭提供了更高的检测灵敏度。SERS光谱技术可以将拉曼散射信号增加高达 $10^{10} \sim 10^{15}$，实现了通过拉曼光谱分析单个分子的应用。

图 2-26 表明使用表面增强拉曼散射（SERS）可以获得的增强效果。利用含和不含金纳米粒子的 0.1mmol/L 4-硝基苯硫酚溶液的光谱，揭示了纳米粒子提供的信号增强效果。

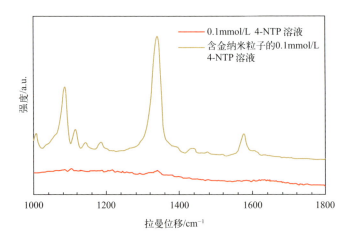

图 2-26　在 RM5 上测量的含和不含金纳米粒子的 0.1mmol/L 4-NTP 溶液的光谱

1974年，弗莱施曼、亨德拉和麦克奎蓝在南安普敦大学首次观察到了SERS效应。在吸附到粗糙银电极上的吡啶拉曼光谱中意外地发现了增强效应[5]。分子接近（即吸附）纳米粒子阵列或具有纳米级粗糙度的金属表面，会使其拉曼散射强度的增大，与存在的分子浓度不成比例。两个不同的科学小组证实了这些发现，每个小组都对观察到的现象提出了不同的解释。Jeanmaire和van Duyne提出，观察到的拉曼散射增强是由于金属表面的电化学电场，该理论通常被称为电磁增强[6]。同一时期，Albrecht和Creighton假设这种增强是由于金属分子复合物的形成，称为化学（或电荷转移）增强[7]。

本部分讨论的主要领域为使用金属来提供增强效果，但也有一些研究显示了非金属材料的潜力。SERS技术需要粗糙的金属表面和正确的激光激发，因此不需要修改拉曼系统。SERS光谱技术具有拉曼光谱的所有常规优势，例如快速分析、简单样品制备，而且其拉曼强度和灵敏度更高。观察到的信号增强依赖于SERS基底的光学性质、激光激发的特征、样品的拉曼散射截面。

由于金属-分子的相互作用，SERS光谱与正常的拉曼光谱有一些不同。增强的振动带是最靠近金属表面的部分。光谱重现性不好，阻碍SERS光谱技术成为样品分析中的常用工具。为了获得可再现的光谱，基底的纳米结构需要是均匀的（整个基底上提供均匀的增强）。克服这个问题的一个方法是将纳米颗粒功能化，这样可以有目的地增强感兴趣的光谱区域。

2.10.2 什么是SERS效应的机理

SERS效应的确切机理至今仍在争论之中；然而，人们普遍认为电磁增强和化学增强都发挥了作用，电磁效应的增强作用更为显著，如图2-27所示[8]。

图2-27 SERS效应的电磁增强和化学增强机理

（1）什么是SERS效应的电磁增强

电磁增强是SERS效应的主要贡献者，高达10^{10}。电磁增强源于两种贡献：局部场增强和再辐射增强。分析物被吸附到粗糙表面上，激光激发它形成等离子体激元后，出现增强效应。需要粗糙的表面来给等离子体激元提供垂直分量。等离子体激元能量促使拉曼散射过程的发生，能量被转移回等离子体激元，并且散射的辐射可以被检测器检测到。热点提供进一步的增强。当两个纳米结构足够接近以相互耦合时形成热点，而分子驻留在热点时，所处的电磁场增加，提供进一步的增强。

电磁增强不依赖于分子的类型，而依赖于基底及其粗糙度。分子需要放置在距离基底约1~10nm处，这意味着与化学增强理论相比，这是一种远距离效应。

（2）什么是SERS效应的化学增强

化学增强对拉曼散射信号增强的影响小得多，增强通常为10^2~10^4。增强是由于分子与基底的相互作用引起了分子极化率的改变，从而改变了拉曼散射截面的振动模式。

金属的费米能级和分子的最低未占据分子轨道（LUMO）或最高占据分子轨道（HOMO）之间发生电子交换时，发生电荷转移，用于增强的样品和基底之间的间隔为埃量级，使其成为短程效应。

2.10.3 什么是SERS基底

能支撑激发波长下的等离子体激元活性的材料都可以作为SERS基底。几个因素会影响基底的SERS效应效果。理想的基底应该具有高的SERS活性，可优化尺寸、形状和金属粗糙度以获得最大的增强效果。分析物必须有效地吸附到表面上，并且具有比样品中任何潜在干扰物更高的拉曼散射截面。如果干扰物具有较高的拉曼散射截面，它将在光谱中占主导地位。基底应该是均匀的，整个基底提供相同的增强，同时也是干净的，并具有长保存期的高稳定性。SERS基底应该易于低成本生产。在实际应用中，需要进行综合考虑以适合特定的应用。例如，如果进行痕量检测，增强因子是最重要的变量，如果进行定量分析，SERS测量的再现性是至关重要的。

SERS效应的金属选择对增强程度至关重要。金和银是SERS效应最常用的金属，它们的化学稳定性高以及它们的等离子体激元共振频率在可见光和近红外的范围内，是拉曼光谱中最常用的激发频率。最常选择的金属是金，因为它具有较高的化学稳定性和较低的毒性；而银易于被氧化并与大气中的硫化合物反应。金在500nm处有很强的吸收，当使用532nm激光激发时，常常选择银纳米颗粒。据报道，其他过渡金属，例如铂和铁的增强水平明显低于金、银或铜。当处于紫外波段时，它们拥有更显著的增强效果。

常见的SERS基底类型是溶液中的纳米颗粒、固定在固体基底上的纳米颗粒以及在固体基底上制造的纳米结构。通过改变纳米颗粒的形状，可以观察到更多的增强信号（由于在边缘和角落存在热点）。用于高度增强的常见形状包括纳米棒、纳米立方体和纳米星，如图2-28所示。这些形状拥有了以深绿色表示的热点区域（提供了增强效果）。

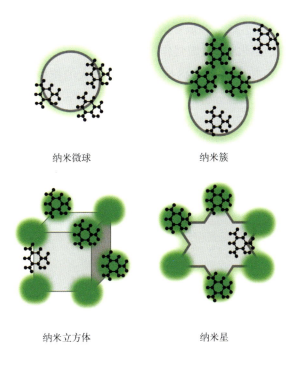

图2-28　SERS基底的形状

2.10.4　什么是表面增强共振拉曼散射

表面增强共振拉曼散射（SERRS）通过结合共振拉曼光谱提供进一步的增强。

共振拉曼光谱在前面介绍过，总之，在共振拉曼光谱中，选择激光激发源的频率为靠近样品中电子跃迁的频率。共振拉曼光谱可以在 $10^2 \sim 10^6$ 的范围内提供增强，并且比SERS更容易理解。

分析共振发色团和金属纳米粒子，SERRS技术可以做到。SERRS技术的增强效果大于SERS技术和共振拉曼光谱各自的增强效果，其灵敏度相当于或超过荧光的灵敏度。所看到的额外增强是基于电荷转移共振的化学增强效应。

SERRS技术克服了它的两个部分的一些短板，如共振拉曼光谱中的荧光问题（纳米颗粒抑制了荧光）在SERRS技术中得到解决。结合这两种增强技术，可以获得目标物质的振动和电子信息。然而，金属表面的存在可以改变共振的位置，并且金属还可以引起分析物的变化，例如蛋白质构象的变化。如果可以解决样品的这些问题，SERRS技术是一种很好的标记技术，因为它有很大的拉曼散射增强效果、荧光猝灭和发色团的特定增强作用。

总的来说，SERS技术和SERRS技术是两种强大的拉曼光谱技术，克服了在标准条件下用于定量和定性分析时的弱拉曼散射的缺点。增强技术允许使用更低的激光功率以保护样品，以及更短的积分时间来加速采集。虽然充分理解增强背后的机制、底物的重现性和稳定性面临很多挑战，但SERS/SERRS技术为从极低浓度的分析物中获得更多信息提供了可能。SERS/SERRS技术的应用遍及各个领域，如用于体外研究的SERS探针、SERS免疫测定、单分子检测、材料分析和DNA检测。SERS探针可用于监测实验或简单地跟踪特定分析物的水平，例如监测葡萄糖浓度。

共聚焦显微拉曼技术以及光谱仪

共聚焦显微拉曼技术将拉曼光谱信息与共聚焦光学显微镜的空间过滤相结合，用于样品的高分辨率化学成像。拉曼光谱对样品的振动模式敏感，并提供广泛的化学、物理和结构信息；显微镜的共聚焦光学系统能够在横向（XY面）和纵向（Z轴）上，以高分辨率对样品内部目标区域进行空间过滤。光谱和空间信息的协同作用能够对小于1μm的单个颗粒、分散样品特征或层叠方式进行分析。

2.11.1　什么是共聚焦显微拉曼光谱仪

共聚焦显微拉曼光谱仪的光学布局示意图，如图2-29所示。将待分析的样品放置在显微镜载物台上，来自激光器的激发光被滤光片反射，并通过显微镜的物镜向下聚焦到样品上。来自样品的瑞利和拉曼散射被物镜收集，透过分束器、瑞利散射截止滤光片，剩余的拉曼散射通过共聚焦针孔聚焦，并进入光谱仪，在光谱仪中进行波长分离，使用阵列检测器检测光谱。通过XYZ方向上移动显微镜载物台移动样品，获取拉曼光谱阵列，生成样品的三维拉曼光谱图，获得样品的空间信息。

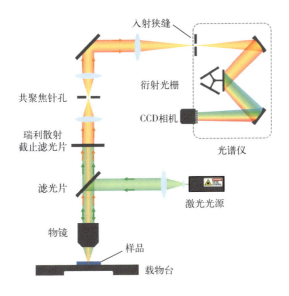

图2-29　共聚焦显微拉曼光谱仪的光路图

2.11.2　共聚焦显微拉曼光谱仪的组成

（1）激光光源

激光是共聚焦显微拉曼光谱仪的理想激发源（提供高强度的光以增加拉曼散

射强度和检测灵敏度）。激光是单色光源以提供高光谱分辨率和低的发散度，能够聚焦到样品上的微小区域，以获得较高的空间分辨率。激光的波长会影响拉曼散射强度、空间分辨率和背景荧光。共聚焦显微拉曼光谱仪，如爱丁堡 RM5 共聚焦显微拉曼光谱仪，可以同时兼容多个激光器，使用软件快速切换到适合每个样品的激光波长。

（2）物镜

物镜用于将激光聚焦到样品上，并收集来自样品的拉曼散射。物镜的数值孔径（NA）和激光波长一起决定了样品上的激光光斑尺寸和拉曼成像的空间分辨率。达到的理论横向分辨率受衍射限制，瑞利准则如下：

$$横向空间分辨率 = \frac{0.61\lambda}{\mathrm{NA}}$$

式中，λ 为激光波长；NA 为物镜的数值孔径。

增加 NA（放大倍数）可以提高空间分辨率。例如，具有数值孔径为 0.25 和 532nm 激发光的 10× 物镜实现约 1300nm 的横向分辨率；而数值孔径为 0.90，更高放大率 100× 物镜，在理论上可以实现低至 360nm 的横向分辨率。

（3）带通（阻）滤光片

约 1/1000 万的散射光子发生拉曼散射，其余为瑞利散射。强烈的瑞利散射包含没有用的样品信息，必须在到达检测器之前被过滤掉（将散射光通过边缘或陷波滤光片来实现）。

边缘滤光片是长通滤光片，它吸收直到其"边缘"的所有波长光，然后透射超出该边缘的所有波长光。选择合适的边缘波长，使得瑞利散射光被强烈吸收，而斯托克斯拉曼散射光被透射。与陷波滤光片相比，边缘滤光片能够观察到较低的拉曼位移，但仅可以观察到斯托克斯线。

陷波滤光片是全息滤光片，在一个特定波长处具有强烈的吸收峰，选择该波长与激光波长一致，并透射所有其他波长光。陷波滤光片的优点是，可以同时观察到斯托克斯和反斯托克斯拉曼散射。其缺点是具有较宽的吸收带宽，无法观察到低波数峰值；在激光照射下寿命有限，需要定期更换。

（4）共聚焦针孔

共聚焦针孔是共聚焦显微镜的特征，用于提高空间分辨率、增加对比度和降低拉曼成像的荧光背景。如图 2-30 所示，共聚焦针孔阻挡失焦拉曼散射进入光谱仪。如果没有共聚焦针孔［图2-30（a）］，焦平面内拉曼散射（红色）和焦平面外拉曼散射（蓝色）都会进入光谱仪并被检测到。相比之下，共聚焦针孔［图2-30（b）］阻止了焦平面外拉曼散射进入光谱仪。

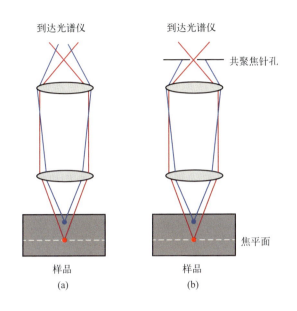

图2-30　共聚焦针孔在选择非焦平面拉曼散射中的作用

共聚焦针孔通过阻挡来自焦平面上方和下方的拉曼散射（焦外），在轴向（Z方向）上起到空间过滤器的作用。如果没有共聚焦针孔，没有轴向空间过滤器，来自样品整个轴向的拉曼散射被无分辨地收集，会造成空间信息的混乱。共聚焦针孔也有利于横向2D映射，通过阻挡焦外散射和背景荧光，增强了对比度，提高了横向（XY面）分辨率。

真正的共聚焦显微拉曼光谱仪，如爱丁堡RM5共聚焦显微光谱仪，在显微镜的共聚焦平面上有一个物理针孔，并提供卓越的共聚焦性能，而伪共聚焦显微拉曼光谱仪使用光谱仪的狭缝和CCD相机像素的正交分布来模拟针孔的效果。

（5）分光系统

分光系统使用反射镜和衍射光栅的组合在空间上分离不同波长的拉曼散射，并将它们成像到阵列检测器上进行检测。分光系统的焦距、入射狭缝的宽度和衍射光栅的刻线密度决定了共聚焦显微拉曼光谱仪的光谱分辨率，该分辨率决定了分辨紧密相连拉曼峰的能力。衍射光栅的刻线密度对光谱分辨率的影响最大，光谱分辨率随着刻线密度的增加而增加。然而，刻线密度越高，光栅有效的光谱范围越窄。因此，分光系统通常包含安装在旋转塔上的多个光栅（不同的光栅有不同的刻线密度）。低刻线密度光栅可用于获取高波数的整个光谱，用高刻线密度光栅在较窄的光谱范围内，解析紧密相邻的峰。

（6）检测器

使用阵列检测器检测拉曼散射信号，该阵列检测器使用单次采集的方式捕获光谱，最常见的阵列检测器是CCD相机。CCD相机是一种高灵敏相机，具有矩形像素阵列，拉曼光谱成像在该阵列上转换成电信号。EMCCD（电子倍增CCD）类似于常规CCD，利用"片上电子增益"技术，保持高灵敏度的同时，更快地读出数据，是快速拉曼扫描测试的首选。CCD相机的一个限制是，它们仅对1000nm内的信号敏感，不适用于1064nm激发光的拉曼散射信号检测。对于1064nm激发光的拉曼散射信号，使用在近红外区具有最大灵敏度的InGaAs线性阵列检测器代替CCD相机。

拉曼光谱的空间分辨率

在共聚焦显微拉曼光谱仪中，空间分辨率对于识别样品中的不同结构至关重要。空间分辨率越好，获得的样品信息就越详细。例如，区分单个细胞中的不同成分或检测石墨烯材料中的缺陷。横向和纵向分辨率由不同的参数控制，要获得高分辨率，共聚焦显微拉曼光谱仪需要关注这两方面。

2.12.1　什么是横向分辨率

两个因素作用于横向（XY平面）分辨率，即激发波长和显微镜物镜。理论

上,横向空间分辨率计算公式如下:

$$横向空间分辨率 = \frac{0.61\lambda}{\mathrm{NA}}$$

式中,λ为激光的波长;NA为物镜的数值孔径。例如,使用波长为405nm的激光器和NA为0.9的物镜,可实现的理论空间分辨率为275nm。

在实际应用中,相对于理想样品,空间分辨率通常为1μm(数量级)(由于样品效应,以及样品与拉曼光子相互作用)。

空间分辨率与激光激发波长有关,波长越短,空间分辨率越高。平衡所需的空间分辨率和样品限制(如荧光)、多激光器配置是有效的解决方法。对空间分辨率有贡献的另一个因素是NA,随着物镜NA变大,空间分辨率提高。NA代表物镜从样品区域收集光线的能力,100倍物镜通常使用的数值孔径是0.9。

图2-31显示了爱丁堡RM5共聚焦显微拉曼光谱仪不同空间分辨率的效果,将共聚焦针孔从2mm缩小到25μm对聚苯乙烯珠的分辨率有很大影响。真正的共聚焦显微拉曼光谱仪能为使用者提供共聚焦针孔以及空间分辨率的控制。

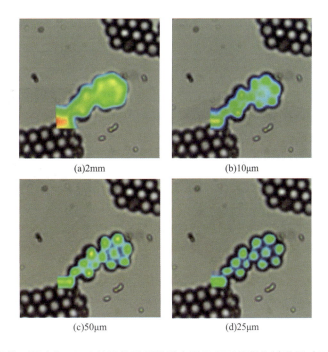

(a)2mm (b)10μm

(c)50μm (d)25μm

图2-31 聚苯乙烯珠在RM5共聚焦显微拉曼光谱仪不同共聚焦针孔尺寸下的拉曼成像

在拉曼光谱的应用中，空间分辨率至关重要。油浸物镜拥有更好的数值孔径，此时，浸没液被放置在物镜的前透镜和载玻片/样品之间（使用常规物镜时，空气在前透镜和载玻片/样品之间）。使用折射率高于空气折射率（空气的折射率为1）的浸没液来减少来自样品的光反射和折射，增加到达物镜的光量。两种最常用的浸没液是折射率为1.3的水和折射率约为1.5（取决于油的类型）的油。水浸物镜在共聚焦显微拉曼光谱仪中的应用，特别适合于细胞间质中活细胞的研究。

2.12.2 什么是纵向分辨率

纵向分辨率（Z轴）更复杂，就简单的光学显微镜而言，它与λ/NA^2成比例。对于共聚焦显微拉曼光谱仪，检测和聚焦光学系统都需要考虑它。分辨率取决于仪器的共聚焦设计和针孔直径，在理想条件下，可以实现1μm数量级的深度分辨率。除了系统的共聚焦性，激光波长、显微镜物镜和样品也会影响深度分辨率。图2-32展示了一个透皮贴剂的3D拉曼图，生成的体积渲染效果清楚地显示了贴片的不同层面，红色、粉色、蓝色和绿色分别代表PET、PET/PIB、PE和活性成分（API）。

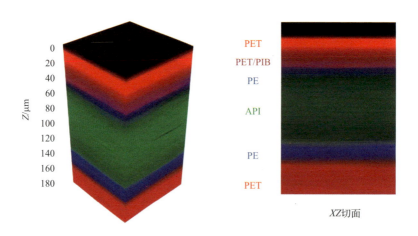

图2-32　透皮贴剂的3D拉曼图

2.13

针孔在共聚焦显微拉曼技术中的作用

针孔是共聚焦显微拉曼技术的定义特征，在空间分辨率和成像对比度方面提供了相比于传统光学显微镜的显著优势。

2.13.1 共聚焦针孔的意义

当激光被显微拉曼技术聚焦到样品中时，在样品中形成三维激发体。该三维激发体被称为激发点扩散函数（PSF），其形状如图2-33（a）所示。随着光向焦点会聚，PSF的直径减小，在焦平面处达到衍射极限的最小直径，随着光发散PSF的直径增加。PSF的确切形状很大程度上取决于样品的光学性质，如激发波长下的不透明度、折射率以及散射入射激发光的方式。拉曼散射将在整个激发体中进行，因此，测量该激发体的拉曼光谱会获得Z轴方向的光谱信号。

共聚焦针孔的作用是对分析体积进行空间过滤，其操作如图2-33（b）~（e）所示；源自焦平面上方［图2-33（c）］或下方［图2-33（d）］的拉曼散射不会在共聚焦平面中聚焦，随后被共聚焦针孔阻挡而无法检测。相反，源自焦平面的拉曼散射被带到共聚焦平面中的焦点，穿过针孔并被检测。这就是共聚焦的含义：共享相同的焦点，并且来自激发焦点内部的拉曼散射也将会聚在针孔处。

2.13.2 什么是光学切片和深度剖面

使用共聚焦针孔的最大优点是它提供的轴向（Z轴）分辨率（高）。共聚焦针孔将检测到的拉曼散射限制在以焦平面为中心的薄体积切片上。因此，显微镜可以聚焦到样品内部目标深度，并且仅从选定的焦平面周围测量拉曼光谱。通过载

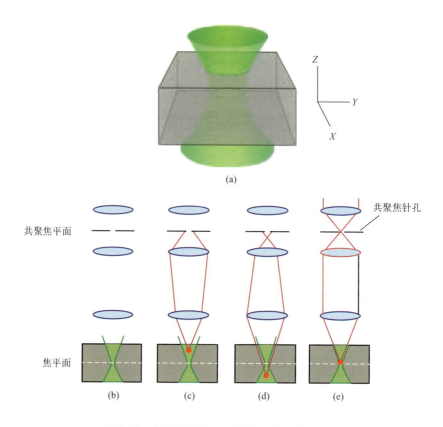

图 2-33 共聚焦针孔在显微拉曼技术中的作用

(a) 激发点扩散函数 3D 示意图;(b) 激发体积;(c) 焦平面上方的拉曼散射被共聚焦针孔阻拦;(d) 焦平面下方的拉曼散射被共聚焦针孔阻拦;(e) 焦平面的拉曼散射穿过针孔并被检测

物台横向(XY平面)扫描,可以获得焦平面区域(光学切片)的 2D 拉曼图像,样品内部深处的化学成分能够被非破坏性地成像。达到这种效果,共聚焦针孔是必不可少的,如果没有它,离焦拉曼散射也会被检测到,出现较差轴向分辨率的模糊图像。共聚焦针孔增加了图像对比度并提高了轴向分辨率。

显微镜载物台也可以沿 Z 轴移动,以改变样品内焦平面的深度。能够以 Z 轴测量拉曼光谱的变化,以产生深度剖面,显示化学成分在样品轴向如何变化。这有利于分析多层样品,如图 2-34 所示的复合塑料。PET 和 PVC 聚合物具有独特的拉曼光谱,并且拉曼深度分布可以识别 PET-PVC-PET 聚合物叠层内的离散层。

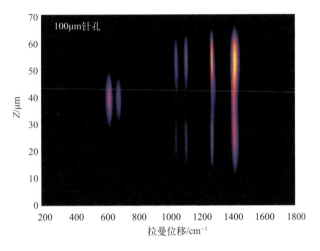

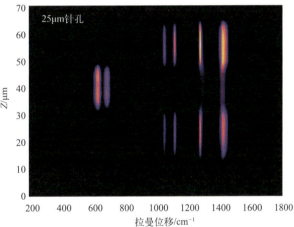

图2-34 使用532nm激光和100×0.90NA物镜测量由PET-PVC-PET叠层组成的多层聚合物样品的拉曼深度分布

2.13.3 什么是针孔尺寸和轴向分辨率

图2-34中包含两个分别标记了25μm和100μm的图像,标记表明用于每次测量的针孔直径。随着针孔直径的减小,更有效地阻挡离焦拉曼散射(共聚焦增加),并且提高了轴向分辨率。在图2-34中清楚地观察到,100μm深度剖面模糊,聚合物层之间的区分差,而25μm剖面由于提高了轴向分辨率而更清晰。使用较

小的针孔直径，可以实现小于1μm的轴向分辨率。缩小针孔直径会导致显微拉曼信号的处理量降低，并且由于到达检测器的拉曼散射强度降低，测量需要更长时间。综合各方面因素，大多数显微拉曼光谱仪使用可变直径共聚焦针孔，使显微成像能够根据应用，从高共聚焦/低通量到非共聚焦/高通量进行调整。

2.13.4 什么是横向分辨率和对比度

由于激发点扩散函数（PSF）与针孔直径的累积效应，共聚焦针孔可以提高显微拉曼技术的横向（XY平面）衍射极限分辨率。有几种方法来定义横向分辨率，在比较传统显微拉曼和共聚焦显微拉曼技术时，常使用有效PSF（激发和检测PSF的叠加）的FWHM。图2-35显示了传统显微拉曼技术和具有无限小针孔直径的共聚焦显微拉曼技术的有效PSF宽度的比较，表明使用针孔可以得到最大约40%的分辨率。

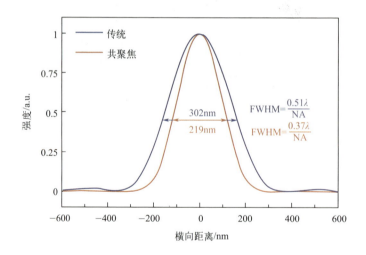

图2-35　用532nm激发和100×0.9NA物镜模拟XY平面上，传统和共聚焦显微拉曼技术的有效PSF宽度

（模拟假设两种显微拉曼技术都是衍射受限，并且针孔直径无限小）

无限小的针孔是一个假设条件，在实际应用中，分辨率的最大值小于此。因此，改进超越衍射极限的传统显微拉曼技术是可能的，针孔设置为其最小直径，

但测试通量会显著降低。

在实际测试样品时,横向分辨率经常受到较差图像对比度的限制,而不受显微镜的衍射极限光学系统的限制;针孔直径减小提升横向分辨率,是通过抑制杂散光提高图像的对比度来实现的。图2-36显示了硅基底上聚苯乙烯球的拉曼成像,并且随着针孔直径的减小,珠粒的可视性明显改善。针孔可以阻挡离焦拉曼散射和其他不需要的背景光(如荧光)以减少背景并增加图像对比度,显著提高了有效横向分辨率。

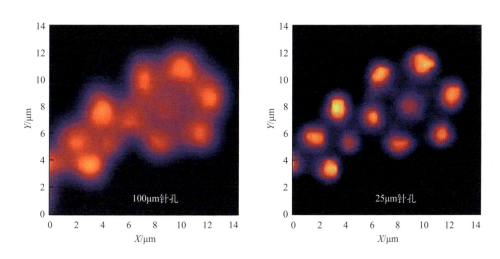

图2-36 硅基底上3μm聚苯乙烯珠的拉曼成像

(532nm激光和100×0.90NA物镜)

拉曼光谱测试中激光器的选择

在拉曼光谱中,激光光源的选择,是最重要的考虑因素之一。波长的选择将影响拉曼散射信号强度、空间分辨率、背景荧光、采集时间和拉曼测试系统的潜在成本。拉曼光谱中使用的激光波长范围：紫外到近红外（或更远）。激光器的选择取决于被研究的样品，不同的波长范围对测量各有优势。一些样品可以在任何波长下进行分析，例如甲苯；但对于许多样品来说，激光器波长的选择对于高质量的拉曼光谱至关重要，例如具有强荧光背景的聚合物。

2.14.1 激光器的选择与拉曼光谱强度

拉曼散射是一种固有的弱现象，依赖于样品中的光子-声子相互作用。拉曼散射强度与 λ^{-4} 成正比，其中 λ 代表激光波长。

随着激光波长的增加，拉曼散射强度下降。相同强度的近红外激光和紫外激光，近红外激光激发样品获得的光谱强度约是紫外激光激发样品的1/15。因此，与近红外激光激发样品相比，紫外和可见光激光器需要更短的累积时间，并且可以在更低的激光功率下使用。图2-37显示了在相同条件下，硅样品在638nm激光器和785nm激光器的条件下的拉曼散射强度差异。爱丁堡仪器公司的拉曼光谱系统可以集成覆盖紫外到近红外区域的激光器。

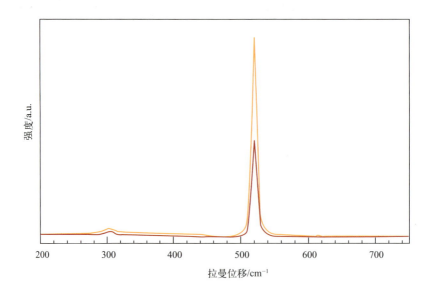

图2-37　在相同条件下，用638nm激光（橙色）和785nm激光（红色）在RM5共聚焦显微光谱仪上测量的硅光谱

2.14.2 激光器的选择与荧光背景

通常,拉曼光谱的详细信息会被高背景荧光信号所掩盖。背景荧光信号可能来自样品、基质或光学元件等诸如此类的客观因素。荧光比拉曼散射更容易发生,产生更强的信号,从而掩盖拉曼散射信号。为了避免荧光背景的干扰,可以选择不同的激发激光器,优选近红外激光器。因为荧光是一种吸收能量后发射的过程,与可见光区相比,对近红外光进行吸收的分子较少。拉曼光谱中最常用的激光波长是785nm,可以提供弱荧光强度,同时保持相对高的拉曼散射强度。然而,对于具有强荧光背景的样品,例如染料,则需要1064nm的激光。这种激光器通常仅在荧光强度非常高的情况下使用(拉曼散射强度的降低和更大功率的激光,存在损坏样品的风险)。图2-38显示了用两种不同激发波长(532nm和785nm)测量相同材料。结果表明,使用合适波长的激光光源可以实现对荧光的抑制。785nm激光下显示的峰,被532nm激光激发的强荧光背景所掩盖。RM5共聚焦显微拉曼光谱仪的一个显著优势:能够容纳多达3个集成的激光器。这可以帮助用户,实现快速确定减少荧光背景干扰的激光波长。

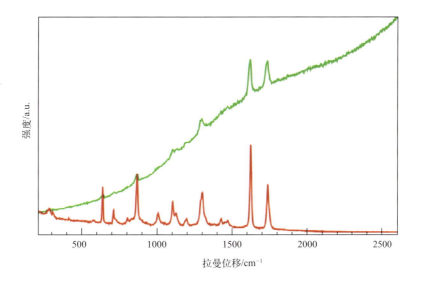

图2-38 在RM5共聚焦显微光谱仪上,分别用532nm激光(绿色)和785nm激光(红色)测得的尼古丁贴片光谱

300nm以下的远紫外激光也能抑制荧光。因为拉曼光谱更靠近激光线,荧光倾向于位于更高的波长(卡莎法则),可以防止它们重叠。

2.14.3 激光器的选择与样品

使用长时间曝光或高能量激光,会增加样品损坏的风险。紫外激光比可见光激光具有更高的能量,每个光子的能量要高得多,会导致样品损坏。这种损坏会改变样品内部的相互作用,从而改变拉曼光谱,或者严重到烧毁样品。

近红外激光,如波长为1064nm的激光,会比可见光激光具有更高的样品损伤风险。这些激光器具有较高的功率,并且由于在较高波长下的散射较弱,因此通常需要较长的激光曝光时间。这增加了激光损坏样品的机会。在这些情况下,可以降低激光功率,但这样做会降低信噪比。能保护样品免受激光损伤的最安全的激光波长范围是可见光区域。图2-39显示了暴露在近红外激光(785nm)下,薄膜样品上出现的烧伤痕迹。

图2-39　785nm激光曝光前(a)和曝光后(b)的薄层金属有机样品

最常用于激发的激光波长是785nm,这取决于拉曼散射强度和荧光抑制之间的综合考虑。此外,拉曼光谱系统通常还配备有可见光激光器,波长通常为532nm。爱丁堡RM5共聚焦显微拉曼光谱仪可以容纳这两种激光器(多达3个)及其最佳光栅,无需做出任何妥协。RM5共聚焦显微拉曼光谱仪配有计算机控制的连续激光束衰减器,可以调整作用于样品的激光功率。

当使用紫外和更大波长近红外区域的激光器时,需要考虑配置(这会影响测试系统的成本和光谱的质量)。

典型的拉曼光谱系统使用CCD。这种检测器在800nm以上效率开始迅速下降,在1000nm以上变得无效。因此,当使用1064nm激光器时,需要使用InGaAs检测器。这种检测器比标准的CCD更贵,RM5共聚焦显微拉曼光谱仪可以兼容多达2个检测器。

紫外激光器需要使用特殊的光栅、镜面涂层、紫外增强型CCD和显微镜,这会增加拉曼光谱系统在紫外区拉曼测试的额外成本。紫外激光器也比可见和近红外激光器更昂贵,尺寸也大得多,这是配置拉曼光谱系统的重要考虑因素。

所有讨论过的激光器都可以用来获取拉曼光谱。由待测样品决定是否需要考虑荧光抑制、抑制的程度以及损伤敏感度。

低于300nm的紫外激光可提供非常高的散射强度,几乎没有荧光干扰。然而,与可见光和近红外区域的标准激光器相比,它有燃烧或降解样品的风险,并且价格增加。通常,紫外激光器用于观察硅中的薄表面层和生物样品中的共振拉曼光谱。

可见光区的激光提供高拉曼散射强度,但也会存在更高的荧光背景。该区域的激光器是拉曼光谱系统中常见的激光器(可以获得更高的信号以及合理的激光器成本),样本损坏的风险也非常低。532nm激光特别适合于研究金属氧化物和无机材料。典型拉曼光谱系统中的另一种常见激光波长在近红外区,如785nm(拉曼光谱系统中最常见的波长)。近红外激光器提供较小的拉曼散射强度,但是具有较低的荧光效应。

在较长波长的近红外区域,1064nm激光提供了极好的荧光抑制。然而,与所有其他的激光器相比,它的拉曼散射强度要低得多,需要更高激光功率(因此增加了样品损坏的风险)。使用1064nm激光需要使用InGaAs检测器,这意味着与传统CCD拉曼光谱系统相比,灵敏度降低,成本增加。需要1064nm激光的典型样品包括染料、颜料和食用油等。

拉曼光谱测试中检测器的选择

在拉曼光谱仪中，检测器的作用是将光子转换为有意义的信号，提供有关所研究样品分子结构的定性和定量信息。理想的检测器会将每个光子转换为输出信号，但实际上，检测器的功能通常局限于组成材料和制造工艺决定的特定光谱区域。由于拉曼光谱测试可应用于宽光学范围变化的样品，开始研究项目之前，检测器的考虑和仔细选择，对优化后续测试结果至关重要。

2.15.1 什么是CCD

CCD（电荷耦合器件）是一种基于硅的多通道一维或二维阵列检测器，能够快速检测整个光谱。CCD内的每个通道都是一个光电二极管，产生与吸收光子的数量成比例的电荷。因此，在给定的时间范围内，到达CCD像素的光子越多或者光子撞击像素的时间越长，则积聚的电荷越多，所检测到的信号就越强。最简单的CCD类型是全帧CCD，如图2-40所示，其中入射光子被完全光敏的阵列吸收，积累的电荷被垂直转移到读取触发器，然后水平转移到电荷放大器。这里，电荷被转换为电压用于读出，并且在该过程结束时，输出可以在计算机上显示为光谱的信号。在拉曼光谱仪中，衍射光栅将散射光散射到CCD阵列的纵轴上，这意味着可以在一次采集中检测到整个光谱。在二维CCD阵列中，每列对应于一个波长，并且来自列中每个像素的所有电荷被累积。

CCD检测光子的能力由一个称为量子效率（QE）的参数表征，它是指产生的电子数量和吸收的光子数量之间的比率，是检测器灵敏度的关键指标。检测器的QE随波长而变化，两个变量的绘图结果是表征检测器在其工作波长范围内性能的QE曲线，如图2-41所示。每个检测器都有一个独特的QE曲线，可以根据用户的研究要求对不同检测器的灵敏度和光谱范围进行评估。

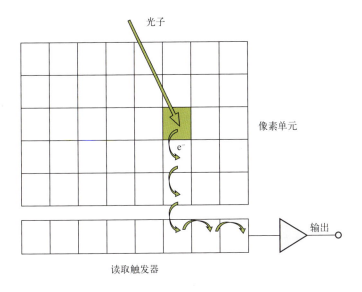

图2-40　CCD结构示意图

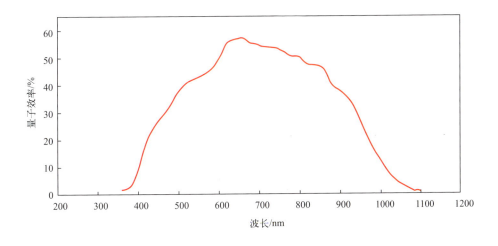

图2-41　CCD的QE曲线

2.15.2　什么是EMCCD

尽管CCD对光子检测非常敏感，但在涉及少量光子的应用中受到限制，因为它们不能同时提供高灵敏度和快采集速度。在CCD中，读出噪声随着电荷被放大的速度而变化,这降低了检测的灵敏度。当使用具有小拉曼散射截面、浓度低或需要非常快的光谱采集时间的样品时,这一点尤其明显。电子倍增CCD(EMCCD)没有这一限制,提供了超高的灵敏度和速度。EMCCD采用帧转移CCD结构,其中光子被捕获在图像部分中,并且所得电荷被临时存储在并行存储中。EMCCD配备了倍增增益技术,以增加单个光子产生的电子数量,如图2-42所示。这发生在电荷到达电荷放大器之前,因此与噪声相比,信号显著增强。它是快速成像或对具有低拉曼散射的样品进行成像的最佳选择。

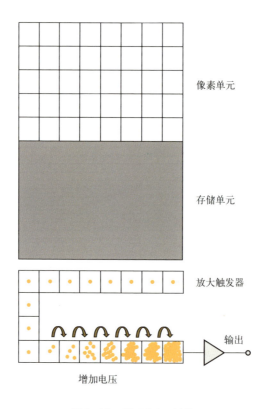

图2-42 EMCCD结构

在EMCCD中,当施加电压时,耗尽区中的光子吸收产生的电子沿着倍增寄存器被加速。二次电子在倍增寄存器的冲击电离过程中产生,产生的电子数量随电压呈指数增加。电子数量的这种增加可以被建模为倍增寄存器上的像素数量和每个像素内的电子产生第二个电子的概率的函数:

$$G = (1+P)\ N$$

式中，G 为增益；P 为增益发生的概率，其范围在 0.01～0.016 之间，取决于所施加的电压和检测器的温度；N 为像素的数量。EMCCD 可以在调整增益水平的情况下运行，也可以不带增益，如图 2-43 所示。

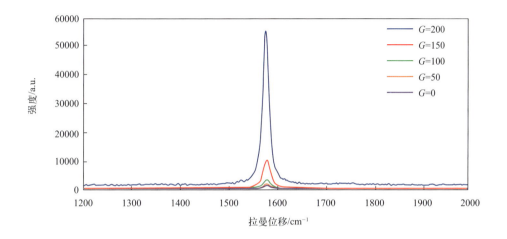

图 2-43　倍增增益触发拉曼散射信号增加

2.15.3　什么是前照式与背照式 CCD

根据入射光子与检测器相互作用的方向，CCD 分为前照式（FI）和背照式（BI）。前照式和背照式检测器的结构差异很大，且具有完全不同的 QE 曲线。如图 2-44 所示，在硅具有光活性的整个范围内，BI-CCD 提供了比 FI-CCD 更高的 QE，拥有更高的灵敏度。

（1）FI-CCD 的工作原理

在 FI-CCD 中，入射光穿过位于光敏硅耗尽区前面的电极结构和绝缘层，在该耗尽区中，光子被转换为电子-空穴对以产生电荷，如图 2-45 所示。电极和绝缘层在入射光子到达硅之前吸收并反射一部分入射光子，减少了 QE，使其最大值在 50%～60%。在该吸收区域波长小于 400nm 的光子是不可穿透的，这意味着标准的 FI-CCD 不能用于 UV 拉曼散射测试。

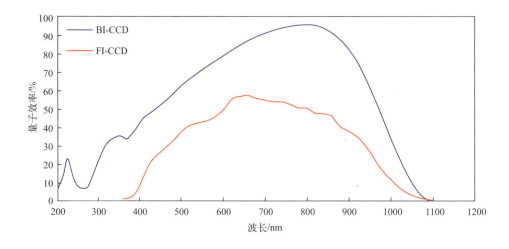

图2-44　BI-CCD和FI-CCD的QE曲线

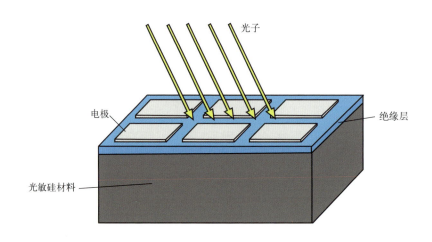

图2-45　FI-CCD结构

(2) BI-CCD的工作原理

BI-CCD的结构允许光敏硅耗尽区直接暴露在入射光子下,如图2-46所示,因此表现出从UV到NIR更高的QE,可高达95%。尽管在入射光中不会被吸收紫外线的绝缘材料和电极遮挡,但UV光子在半导体的表面层被吸收,无法深入到耗尽区,这就是标准BI-CCD的QE在较低波长下降低的原因。

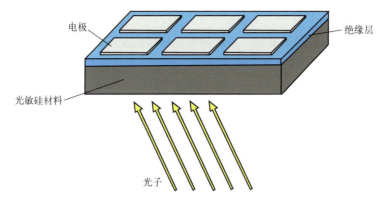

图2-46 BI-CCD结构

(3) 标准具效应

尽管BI-CCD比FI-CCD提供了增强的QE,但它们在NIR中容易受到称为"标准具效应"的相长和相消光学干涉引起的显著信号调制,如图2-47所示。

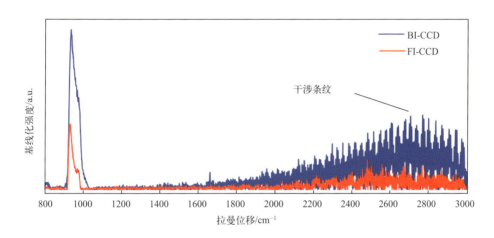

图2-47 使用785nm激光分析硅片时BI-CCD和FI-CCD中的标准具效应

光在光敏硅中的穿透深度随着波长的增加而增加,近红外光可以到达该材料半透明的区域;这是近红外光在被吸收之前能够穿透较大的厚度,是BI-CCD的超薄光敏硅厚度的几倍,该区域的两个界面(绝缘层-硅和硅-空气)都存在较大的折射率和反射率差异,NIR光子会经历来回的内反射,从而产生干涉,如图

2-48（a）所示。需要注意，当使用可见光时，不会发生"标准具效应"。但当使用 785nm 或更长波长的激发源，或所研究的样品是反射性的或由于其是弱拉曼散射体而需要长采集时间时，"标准具效应"会变得更加显著。FI-CCD 不会受到这种影响，因为入射的 NIR 光子不会被反射界面反射到耗尽区。没有被硅吸收的光子在无光学衬底中丢失。

减少 BI-CCD 中的"标准具效应"的方法：①采用抗反射（AR）涂层来增加硅-空气界面的透射率，如图 2-48（b）所示。当 NIR 光子进入 BI-CCD 中的硅区域并向绝缘层传播而不被吸收时，它们将被反射到硅-空气界面的前表面。如果该前表面被 AR 涂料涂覆，则经历进一步内反射并有助于硅中的信号调制的光子数量减少。②在制造过程中粗糙化硅区域的背面，如图 2-48（c）所示。这被称为条纹抑制，它有助于减少"标准具效应"，因为它打破了两个反射界面的平行性，从而减少了相长干涉。③增加硅耗尽区的深度，如图 2-48（d）所示。深耗尽区使 NIR 光子在发生多次内反射之前被吸收的概率更高。BI-CCD 采用这三个方法，以减少光谱中的干涉图案并增加 NIR 中的 QE，但，"标准具效应"永远无法完全被去除。

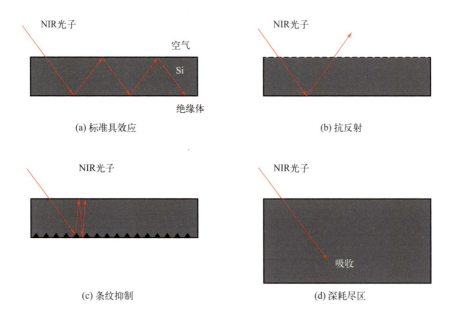

图 2-48　减少 BI-CCD 中标准具效应的制造技术

2.15.4 什么是增强型CCD

由于半导体材料本身的特征和FI-CCD及BI-CCD的制造工艺，这两种检测器的QE在电磁光谱的UV区域中都受到影响。FI-CCD中覆盖耗尽区的绝缘层和电极对波长小于400nm的光不透明，BI-CCD耗尽区的前几个表面层也强烈吸收UV光。因此，需要物理和化学变化来提高两种CCD类型在较低波长下的QE，例如钝化半导体材料以减少电荷载流子复合，以及在表面上施加下转换涂层以增加穿透深度。此类增强方式可用于FI-CCD和BI-CCD，如图2-49所示。

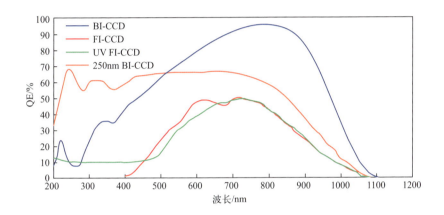

图2-49　紫外增强型CCD的QE曲线

2.15.5 什么是InGaAs检测器

CCD的QE在IR中急剧下降，因此，它们不能用于检测波长大于1100nm的光。这是因为耗尽区中的硅不能吸收低于其带隙能量的光子。在拉曼光谱仪中，使用砷化铟镓（InGaAs）材料的检测器，其光谱检测能力可以超过该极限。InGaAs是砷化镓和砷化铟的半导体合金，其带隙能量低于硅，并且在NIR和短波IR范围内InGaAs表现出优异的光敏性。通常，InGaAs阵列检测器在1000nm和1600nm之间表现出80%以上的QE，并且敏感度一直保持到1700nm，如图2-50所示，大大优于BI-CCD，在使用1064nm激光器的拉曼散射应用中至关重要。

拉曼光谱仪的检测器类型选择指南见表2-4。

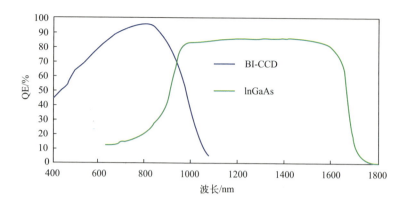

图2-50　BI-CCD和InGaAs阵列检测器的QE曲线

表2-4　拉曼光谱仪的检测器类型选择指南

检测器	选择建议
FI-CCD	样品拉曼散射信号强 成像采集时间不是优先级 采用对NIR激光器具有高反射率的样品或长的采集时间以避免潜在的标准具效应
BI-CCD	样品拉曼散射信号弱 需要高的成像或光谱采集速度 使用＜400nm激发波长
EMCCD	快速成像
InGaAs	使用1064nm激光器

拉曼光谱仪的光谱分辨率

拉曼光谱仪的光谱分辨率决定了光谱仪能够分辨的最多光谱峰个数。所需的光谱分辨率水平取决于样品的情况和拉曼光谱中获得的信息。五个主要因素决定了可获得的光谱分辨率：狭缝尺寸、衍射光栅、光谱仪焦距、检测器和激发激光器。

2.16.1 狭缝尺寸

狭缝尺寸对光谱仪的性能至关重要，它决定了光学分辨率和激光通量。狭缝尺寸越小，可获得的光谱分辨率越高；狭缝尺寸越大，激光通量越高。不同的激发波长适合不同的狭缝尺寸，例如，532nm的激光比785nm的激光，可以获得更强的拉曼散射信号，因此，与785nm的激光激发分析相同的样品相比，在使用532nm的激光器时，可以使用更小尺寸的狭缝，不用担心可见光区激光信号强度太低。

图2-51表明，使用两种不同狭缝尺寸获得的色氨酸拉曼光谱。显然，100μm狭缝提供了更高的拉曼散射强度（因为狭缝尺寸越大，激光通量越高）。将狭缝尺寸减小至20μm，会展现拉曼光谱中的更多细节，增加了光谱分辨率，峰变得更清晰。例如，使用较小尺寸的狭缝时，在大约1350cm^{-1}和1580cm^{-1}处的肩峰被更清晰地定义为单独的峰。此外，在减小狭缝时，背景荧光会减少。

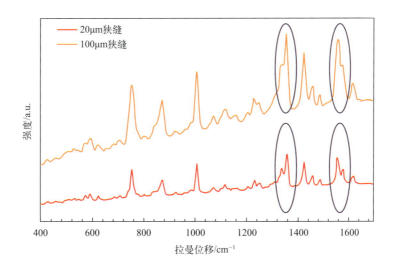

图2-51 使用532nm激光和两种不同尺寸狭缝在RM5共聚焦显微光谱仪上获得的色氨酸拉曼光谱

2.16.2 衍射光栅

衍射光栅将拉曼散射信号分光后传送至检测器。每个衍射光栅都有特定的凹槽密度，其用每毫米的凹槽（刻线）数（gr/mm）来衡量。凹槽密度越高，光谱分辨率越好。常规光栅的凹槽密度从300gr/mm至1800gr/mm，高分辨率光栅的凹槽密度分布在2400gr/mm至3600gr/mm。光栅也存在局限性。首先，光栅分光有一定的波长范围（因为色散作用与波长有关）。凹槽密度为n的光栅理论波长极限$\lambda=2/n$。例如，2400gr/mm的光栅被限制在光谱的绿光端，而3600gr/mm的光栅在500nm之后不会衍射太多，适合于UV激发。其次，用较低凹槽密度的光栅可以获得更大的光谱范围，高的凹槽密度可以得到高光谱分辨率。大多数拉曼光谱仪都配备一个光栅转台，它装有几个光栅，用于在整个光谱范围内的优化。通常，先使用显示宽光谱范围的光栅，然后用高分辨率光栅将光谱范围缩小到更具体的波数范围，以增加测试关注区域的光谱分辨率。

图2-52，展示了使用高凹槽密度光栅的优势。通过比较300gr/mm光栅和1800gr/mm光栅的测试结果，可以发现光谱分辨率的提高。增加光谱分辨率的代价是缩小光谱范围，使用300gr/mm时，数据涵盖了全光谱范围；使用1800gr/mm时，仅涵盖了600~2300cm^{-1}的范围。

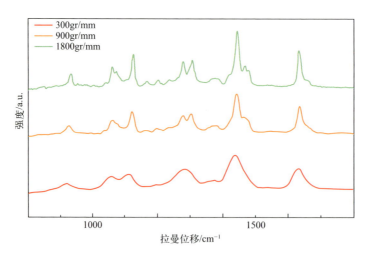

图2-52　RM5共聚焦显微拉曼光谱仪使用532nm激光和三个不同的衍射光栅获得的尼龙-6的拉曼光谱

2.16.3 光谱仪焦距

聚焦镜和检测器之间的距离称为光谱仪焦距。光谱仪焦距越长,光谱分辨率越好。典型的台式拉曼系统使用200~250mm的焦距,在保持仪器紧凑的同时,提供标准分辨率。对于极限光谱分辨率和紫外光谱范围内的拉曼应用,通常选择焦距大于500mm的长焦光谱仪。较宽光信号分离时,更长的焦距增加光谱分辨率(这也会增加拉曼系统的尺寸,并降低拉曼散射信号强度)。图2-53表明,使用不同焦距时,峰分离的差异。长焦光谱仪使用较大的反射镜和光栅来提供更好的分辨率、杂散光性能和最大的光学吞吐量,以进行灵敏的测量。长焦光谱仪(高分辨率)也可以通过选择合适的光栅来适应低分辨率模式。

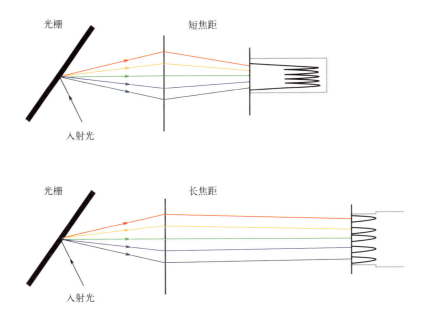

图2-53 使用短焦距和长焦距的光散射

2.16.4 检测器

在大多数色散拉曼光谱仪中,使用阵列检测器,它通常是硅电荷耦合器件(CCD),或者在NIR区域,使用InGaAs阵列检测器。这些检测器是像素阵列,每个像素代表光谱的一部分。检测器选择对光谱分辨率没有决定性的影响，大多数系统只使用一个检测器。检测器的选择更多地与激发光源和检测器速度有关。简单地说，拉曼光谱中使用的检测器具有不同的像素尺寸，像素尺寸越小，光谱分辨率越高。

2.16.5 激发激光器

激光波长也会影响光谱分辨率。由于拉曼光谱使用能量相关单位（波数，cm^{-1}），光谱分辨率随着激发波长的减小而降低。例如，为了获得与使用600gr/mm光栅的红外激光器相同的光谱分辨率，可见光激光器需要1200gr/mm或1800gr/mm的光栅。

虽然高光谱分辨率至关重要，但信号的线宽也是拉曼系统是否需要高分辨率设置的一个考虑因素。只要分辨率大于线宽，无论使用高分辨率还是低分辨率系统，都可以从拉曼光谱仪获得所有信息。对于大多数样品，中等光谱分辨率足以获得高质量的拉曼散射数据。高分辨率主要用于多晶型和结晶度的表征。使用较高的分辨率会增加总的测试时间；使用更小的狭缝尺寸可以获得更高的分辨率，也会带来拉曼散射强度的损失。

在进行多数拉曼散射测量时，在分辨率、采集时间和拉曼散射强度之间需要综合考虑。爱丁堡共聚焦显微拉曼光谱仪的高度灵活性，允许使用者自由探索这些选项，以获得最高质量的拉曼光谱。

参考文献

[1] Albrecht C. Joseph R. Lakowicz: Principles of Fluorescence Spectroscopy[M]. 3rd. Germany: Springer, 2008.

[2] Boens N, Qin W, Basarić N, et al. Fluorescence Lifetime Standards for Time and Frequency Domain Fluorescence Spectroscopy[J]. Analytical Chemistry, 2007, 79 (5): 2137-2149.

[3] Smith E, Dent G. Modern Raman Spectroscopy: A Practical Approach[M]. UK: Wiley, 2005.

[4] Efremov E V, Ariese F, Gooijer C. AChievements in Resonance Raman Spectroscopy: Review of a Technique with a Distinct Analytical Chemistry Potential[J]. Analytica Chimica Acta, 2008, 606 (2): 119-134.

[5] Fleischmann M, Hendra P J, McQuillan A J. Raman Spectra of Pyridine Adsorbed at a Silver Electrode[J]. Chemical Physics Letters, 1974, 26 (2): 163-166.

[6] Jeanmaire D L, Van Duyne R P. Surface Raman Spectroelectrochemistry: Part I. Heterocyclic, Aromatic, and Aliphatic Amines Adsorbed on the Anodized Silver Electrode[J]. Journal of Electroanalytical Chemistry and Interfacial Electrochemistry, 1977, 84 (1): 1-20.

[7] Albrecht M G, Creighton J A. Anomalously Intense Raman Spectra of Pyridine at a Silver Electrode[J]. Journal of the American Chemical Society, 1977, 99 (15): 5215-5217.

[8] Langer J, Jimenez de Aberasturi D, Aizpurua J, et al. Present and Future of Surface-Enhanced Raman Scattering[J]. ACS Nano, 2020, 14 (1): 28-117.

第 3 章

分子光谱操作及测试实例

3.1 荧光光谱中的激发校正
3.2 荧光光谱中的发射校正
3.3 荧光样品测试指南
3.4 测试荧光光谱的常见问题
3.5 内滤效应
3.6 二级衍射
3.7 荧光发射光谱中的拉曼散射
3.8 拉曼光谱测试实例
3.9 红外光谱测试实例
参考文献

3.1 荧光光谱中的激发校正

由于具有高亮度和宽光谱范围的特点，氙弧灯通常作为荧光光谱仪的激发光源激发样品进行光谱测试。当测量荧光激发和发射光谱时，激发校正用于消除氙弧灯随时间的变化对光谱强度带来的影响。

3.1.1 测试激发光谱时的激发侧校正

当测量荧光激发光谱时，发射单色器设置在一定的荧光波长上，并在所需的激发波长范围内进行激发单色器的扫描。这就是激发光谱的测试，本质上来说是样品的荧光检测吸收光谱。由于发射波长恒定，发射单色器和检测器的光谱响应不影响光谱，因此不需要发射校正。相反，必须考虑的是激发光的强度随波长的变化。

氙弧灯色温在6000K，氙原子跃迁有明显的尖峰。在激发单色器进行波长选择时，由于衍射光栅和光学的波长依赖性，会产生额外的波长变化。经过单色器之后激发光谱分布如图3-1所示。

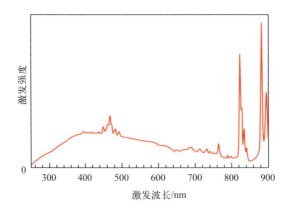

图3-1 使用硅基参比检测器检测的激发光谱分布

如果不考虑激发光强度随波长的变化，那么荧光激发光谱则是样品吸光度变化和激发光谱分布的函数。为了解释说明这种变化，爱丁堡仪器光谱仪在激发单色器之后（样品之前）加入了硅基参比检测器，将一小部分激发光引进硅基参比检测器并实时监测激发光强度变化。

当对激发侧进行校正时，用来自发射检测器的信号除以在硅基参比检测器上测试的激发强度，以去除测试信号中激发光强度的影响（如下式）。

$$激发校正的发射信号(\lambda_{ex}) = \frac{未校正的发射信号(\lambda_{ex}) - 暗计数}{激发强度(\lambda_{ex})}$$

$$= \frac{未校正的发射信号(\lambda_{ex}) - 暗计数}{硅基参比检测器信号(\lambda_{ex}) / 参比检测器校正因子(\lambda_{ex})}$$

为了说明激发校正的影响，分别测试香豆素153的校正和未校正的荧光激发光谱，以及记录两次测试时硅基参比检测器的激发强度，如图3-2所示。由于氙原子跃迁，未校正的光谱在400~500nm范围内的峰受到影响。在启用激发校正的情况下测量光谱则可以消除这些影响，并且增大了低波长吸收带的相对强度，得到香豆素153的真实荧光检测激发光谱。

3.1.2　测试发射光谱时的激发侧校正

当进行荧光发射光谱测量时，激发校正也可以使用。发射光谱的激发校正的主要目的是消除在测量过程中氙灯输出随时间的变化。

其原理如图3-3所示，图中给出了使用发射校正和激发校正后香豆素153的荧光发射光谱，以及在硅基参比检测器上记录的激发强度波动。在快速测量过程中，激发强度的波动不超过0.2%，因此，在这种情况下，使用激发校正对光谱形状产生很小的影响。然而，对于更耗时的测量，如发射强度极弱的样品的长时间测试，则可以使用激发校正来消除激发强度的漂移。也可以用于监测样品随时间的物理和化学变化，例如，间歇记录几个小时或几天内的发射光谱，应用激发校正将确保发射光谱强度的任何变化都是由于样品的变化而产生的。

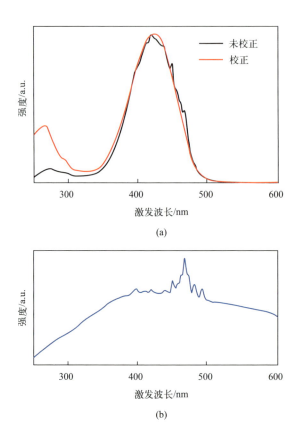

图3-2 香豆素153的校正和未校正的荧光激发光谱（a）；
硅基参比检测器测试的激发强度（b）

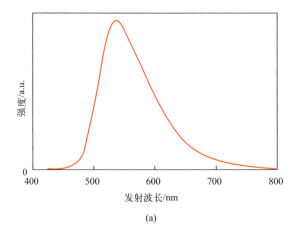

(a)

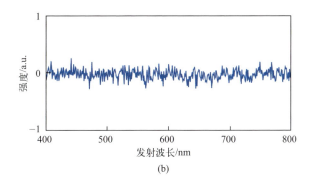

图3-3 使用激发和发射校正的香豆素153的荧光发射光谱（a）；
使用参比检测器监测的激发强度（b）

荧光光谱中的发射校正

使用爱丁堡仪器公司的荧光光谱仪测量荧光光谱时，激发和发射校正可以应用到光谱上。本章节讨论发射校正的作用，如何实现校正以及它对荧光光谱的形状的影响。

3.2.1 为什么需要发射校正

由于组成荧光光谱仪检测系统的光学和电气元件的响应与波长有关，因此，光谱仪实际上以不同的效率检测不同波长的光。波长依赖性源于衍射光栅效率和光电倍增管（PMT）检测器的量子效率。图3-4（a）显示了用于发射单色器的典型衍射光栅的效率。该光栅在紫外区域的效率较低，在光谱的400～600nm区域（大多数荧光体发光区域）的效率达到峰值，然后效率逐渐向长波长方向下降。PMT的波长依赖性更加明显，图3-4（b）显示了一个典型的可见光敏感PMT检测器的量子效率与波长的关系。可以看出,PMT在较短的波长下的量子效率最高,随着波长的增加,量子效率稳步下降。用于聚集和引导光路的反光镜和透镜引入的微小波长依赖性,也需要考虑在内。

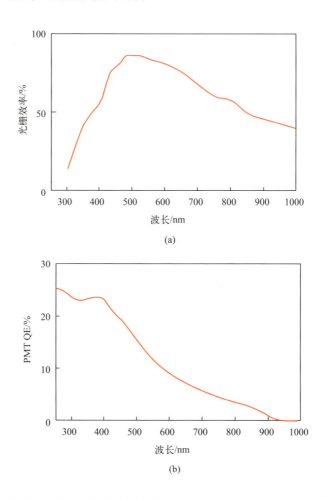

图3-4　典型的发射单色器衍射光栅的光栅效率(1200gr/mm,500nm闪耀波长)(a);
可见光光电倍增管检测器的量子效率波长依赖性(b)

3.2.2　发射校正曲线

为了消除检测系统对波长的依赖性,测量光谱时需要使用发射校正文件。爱丁堡仪器的荧光光谱仪在出厂时都会为其中的发射光路（检测器和光栅组合）生成一个发射校正曲线。校正曲线的制作分为两步来确保所提供校正因子的准确性。首先测量氘灯和钨灯校准灯的光谱。这些校准灯在特定色温下工作时具有已知的光谱输出，可追溯到英国国家物理实验室（NPL）认证的光谱。使用光谱仪测量的灯谱与灯的真实光谱相除，就得到了光路的校正曲线。然后通过测量具有已知发射光谱的标准品验证这个校正曲线的准确性。使用到的这些标准品的光谱可追溯到美国国家标准与技术研究所（NIST）和德国联邦材料研究与试验局（BAM）。将校正后的发射光谱与标准品的发射光谱进行比较，确认生成的校正曲线是准确的。

图3-5为发射校正曲线的实例，Y轴数值越高，说明光谱仪在该波长下越敏感。可以看出，校正曲线的整体形状是图3-4中所示的光栅效率和PMT QE与波长相关的函数的形状。在398nm和470nm处的明显下降是伍德异常现象，与衍射光栅中凹槽平行的偏振分量光的传输强度突然下降有关[1-2]。

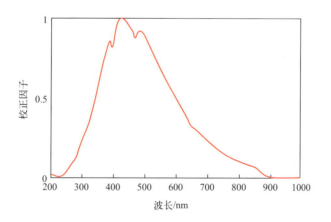

图3-5　爱丁堡FS5荧光光谱仪的校正曲线

（该发射光路为1200gr/mm、500nm闪耀波长的光栅及可见PMT检测器的组合）

未校正的发射光谱到校正的发射光谱的转变是通过发射校正因子的简单代数比例实现的。

$$校正的发射信号（\lambda）=\frac{未校正的发射信号（\lambda）-暗计数}{发射校正因子（\lambda）}$$

3.2.3 校正与未校正发射光谱的对比

为了进一步说明发射校正对发射光谱形状的影响,图3-6中,比较了硫酸奎宁(QBS)和4-(二氰基亚甲基)-2-甲基-6-(4-二甲基氨基苯乙烯基)-4H-吡喃(DCM)的未校正和校正的光谱。对于QBS,使用发射校正前后的主要区别是消除了470nm处的伍德异常现象和增加了光谱红尾的相对强度。对于DCM,发出更红的光,使用发射校正使光谱红移了约12nm。未校正和校正光谱之间的波长偏移与该光谱区域的校正曲线的梯度成正比,梯度越陡,偏移越大。在解释荧光发射光谱的形状和峰值位置时,精确发射校正对于光谱仪十分重要。

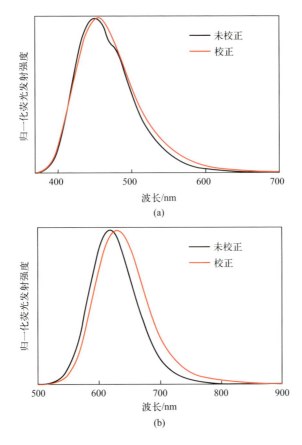

图3-6 校正和未校正的QBS(a)和DCM(b)的发射光谱

(使用爱丁堡FS5荧光光谱仪测试)

荧光样品测试指南

荧光光谱技术是一种广泛应用的分析技术,测试未知样品荧光光谱,即使对有经验的用户来讲也存在挑战。

当测量未知样品的荧光时,建议先测量一下样品的吸光度。荧光与吸收光成正比,因此可以确定最大吸收波长。爱丁堡稳态瞬态荧光光谱仪FLS1000或FS5,均能够实现吸光度和荧光测试功能。在实际测试时,由于有些样品的激发光谱和发射光谱之间可能存在一些重叠,因此,通常可以选择一个比最大吸收波长更短的波长作为激发波长。

样品实例:使用FS5测试蒽在环己烷溶液中的吸收光谱。通常为避免内滤效应,建议将溶液浓度控制在最大吸光度0.1以下,将蒽的环己烷溶液样品的激发波长设置为355nm或375nm左右。

调整激发和发射波长,最大限度地提高关注区域的信号强度。同时调节激发和发射侧单色器狭缝,调节光通量。需要注意的是,增加狭缝尺寸获取更高信号强度的同时,会降低光谱分辨率(即光谱线的分辨率)。测试时增加信号强度cps,以获得良好的信噪比,但应低于检测器饱和极限:标准PMT检测器的饱和极限是$1.5×10^6$cps。当单位时间内过多的光子照射至检测器时,测试数据会失真,测试谱图扭曲,甚至可能损坏检测器。

当测试条件优化好后,可以在光谱仪软件中进行测试参数的设置。爱丁堡光谱仪的测试窗口可以进行波长范围(scan range)、步进(step)、停留时间(dwell time)和重复次数(number of scans)等参数的设置,如图3-7所示。

停留时间(在每个测试步进点的积分时间)和扫描次数与总采集时间有关。显然,更长的停留时间会提高数据的质量。同时,背景扣除和校正文件的选项也可以在对话框中进行勾选使用。仪器软件在获取数据时绘制光谱图,生成如图3-8所示的荧光光谱。

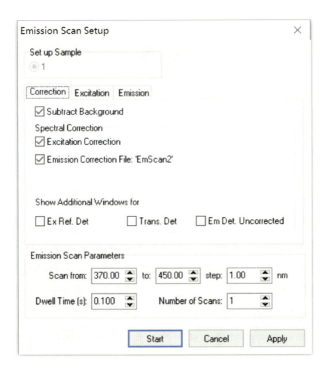

图3-7　爱丁堡荧光光谱仪专用软件Fluoracle测试界面截图

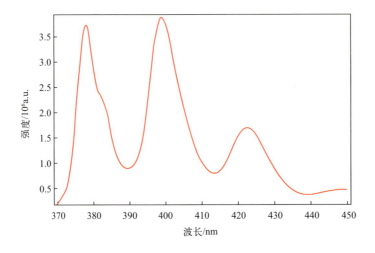

图3-8　使用FS5测试蒽在环己烷溶液中的荧光光谱

测试荧光光谱的常见问题

实际上获取稳态荧光光谱并不如想象的那么简单。以下一些常见问题的操作建议,可以帮助测试人员更好地理解和优化荧光光谱仪的操作。

3.4.1 荧光光谱失真、出现意外的峰位或台阶,如何处理

如果荧光光谱出现问题,请先确认单色器中的自动滤光片轮是否开启。因为单色器会传输选定波长的倍数波长,即倍频峰。例如,进入发射单色器的300nm的散射激发光导致在600nm处检测到光信号而该波长处的峰并不属于样品本身的发射光。爱丁堡光谱仪用自动滤光片轮来消除这些二阶效应,但如果在软件中禁用自动滤光片轮,则光谱中会出现倍频峰的干扰。

确认光谱校正文件在测试时是否启用。爱丁堡荧光光谱仪可自动校正光谱来去除检测器的波长依赖性和激发光源强度变化对光谱带来的影响。

在荧光发射光谱中,有时也会出现溶剂或基质的拉曼峰的干扰。判断干扰是否为拉曼散射信号的快速方法是改变激发波长,拉曼峰的位置会发生移动,而荧光峰的位置不会发生移动。

若测试的样品为溶液样品,则需要考虑是否出现内滤效应的影响。

3.4.2 荧光发射信号过低,如何处理

如果荧光发射信号过低,需要检查激发光照射样品的位置是否正确。这对固体样品的测试尤为重要。使用位置可调的样品支架进行测试,实现调节位置的同时监测荧光信号确保激发光照射到样品的最佳位置。

降低溶液样品浓度可避免内滤效应的产生。

增加激发和发射侧狭缝尺寸。如果研究发射光谱，增加激发侧狭缝尺寸，反之亦然，以避免减小测量光谱的分辨率。

测试弱信号强度的样品时，可以通过增加积分时间获得高质量数据。建议使用更短的停留时间（0.1s或0.2s）及增加扫描次数，以便查看整个光谱并在实验条件下校正潜在的漂移。

3.4.3　检测器饱和，如何处理

在高强度下，PMT检测器无法计数所有光子，仪器的灵敏度也不呈线性规律，这就是所谓的检测器饱和。在中等强度下，虽然它可能不会损坏检测器，但会导致光谱失真，因此必须避免检测器饱和。饱和极限取决于PMT检测器的类型。标准可见光PMT的典型阈值约为1.5×10^6 cps。以下是避免检测器饱和的方法：

设置最大激发和发射波长处的信号强度。从窄带狭缝开始设置，然后根据需要增加。

有一些荧光光谱仪（如FLS1000）具有激发光源连续衰减的功能，可以在不改变狭缝的情况下降低强度。

可以通过获取具有不同停留时间的光谱来研究饱和效应。峰值信号强度应与停留时间线性相关。

3.5 内滤效应

3.5.1　什么是内滤效应

内滤效应是荧光光谱中的常见问题，通常会影响光谱的测量（检测不到荧光信号或者谱图发生畸变）。在高浓度溶液样品中，激发光束被高浓度样品吸收，只

有激发光束接触的表面才能发射出荧光,而荧光光谱仪中的发射单色器采集比色皿中心位置的信号时,只能检测到较低强度的荧光发射,严重影响荧光信号的检测。

上述激发光被吸收的现象称为初级内滤效应。此外,如果测试样品的激发光谱和发射光谱有重叠,则样品发射的光可以被样品本身再次吸收。这种现象被称为次级内滤效应。

内滤效应会导致光谱失真,在某些情况下会使得信号完全丢失,因此我们在测试时需要注意,防止内滤效应的产生。

3.5.2 如何避免内滤效应

避免内滤效应的最佳方法是降低样品浓度。理想情况下,应在测量之前测试样品的吸收光谱。通常,当样品在激发波长下的光密度(OD)<0.1 时不会出现内滤效应。如果出现内滤效应可以尝试以下方法:

① 改变激发波长,以减少样品的二次吸收。建议将激发波长移至最大吸收波长以下 10~50nm,以避免次级内滤效应。

② 使用微量比色皿或三角比色皿。这样可以减少光程长度,从而减小样品的吸光度。

在爱丁堡光谱仪中,可将比色皿放在前表面样品支架中。该支架不仅可以放置固体样品,还可放置比色皿。可以检测激发光束照射到比色皿前端样品的发光信号,从而进一步减小了光程长度。

3.6 二级衍射

在荧光光谱仪中,单色器用于选择激发和发射波长。典型的荧光光谱仪由两个单色器组成,即用于选择所需激发波长的激发单色器和用于选择到达检测器波长的发射单色器。单色器利用衍射光栅从入射的宽带光中分离出所需波长的光。宽带光照射在衍射光栅上，不同波长的光以不同的角度衍射，以满足光栅方程：

$$m\lambda = d(\sin\theta_i \pm \sin\theta_m)$$

式中，m 为衍射的级数；λ 为衍射光的波长；d 为光栅的凹槽间距；θ_m 为不同衍射级数 m 的衍射光和光栅法线之间的角度；θ_i 为入射光和光栅法线之间的角度。由于每个波长的光以不同的角度衍射，单色器可以分离出所需波长的光。常数 λ 和该方程满足不同的角度，衍射级数 m 可以取正负整数值（…-2, -1, 0, 1, 2…）。m 为 1 称为一级衍射，衍射光最接近光栅法线，强度最高。类似地，m 为 2 被称为二级衍射，出现在较小的角度，强度较弱。更高级别的衍射遵循类似的模式，随着远离法线，衍射光强度降低。

在单色器中，只有一级衍射（m 为 +1 或 -1）用于选择所需的波长，更高级的衍射则不需要。然而，由于衍射光的波长范围很宽，一级和二级衍射的角度范围不唯一。如图 3-9 所示，蓝色锥体表示一级衍射的角度范围，红色锥体表示二级衍射的角度范围，并且在这些范围之间存在共有的重叠区域。这个共享范围也可以从光栅方程中得出。处于 600nm 的一级衍射光（$m=1$，$\lambda=600$nm）和 300nm

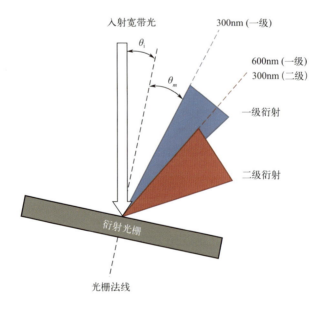

图 3-9　衍射光栅的重叠级[3]

的二级衍射光（$m=2$，$\lambda=300$）。光栅方程的左侧都是相同的，因此衍射光的角度相等。当单色器被设置为透射600nm的光时，小部分300nm的光也将被透射，这种情况对于荧光光谱学来说是个问题。

3.6.1 荧光光谱中的二级衍射

对于粉末、晶体和胶体悬浮液等散射样品，二级衍射是一个特殊的问题。为了显示二级衍射对荧光光谱的影响，制备散射荧光样品（混合荧光染料2-氨基吡啶和Ludox，Ludox是二氧化硅纳米颗粒的胶体悬浮液）用作散射体。在300nm处激发，在250～950nm范围内测量样品的发射光谱，如图3-10所示。300nm处的第一个峰对应于在发射单色器中300nm激发光的一级瑞利散射。随后是2-氨基吡啶的一级荧光，其峰值在380nm。这些峰作为二级峰重复出现，在600nm处有一个瑞利散射峰，在760nm处有一个荧光峰。在900nm处也可以看到弱的三级瑞利散射峰。二级峰常被误认为是真正的荧光发射峰，可能是文献错误报告

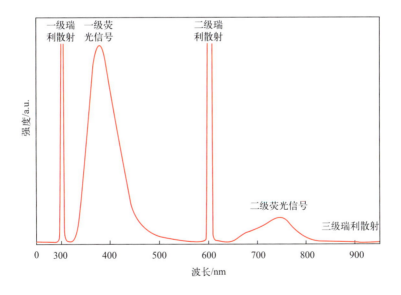

图3-10　2-氨基吡啶硅胶溶液的宽荧光发射光谱中的二级衍射干扰（300nm激发）

（使用FLS1000光谱仪记录光谱；不使用发射单色器上的滤光片塔轮；
对光栅和检测器效率的波长响应未进行校正）

的原因。一篇论文报道了色氨酸和酪氨酸在675nm和600nm处的新弱长波长发射带，这是除了这些蛋白质残基的众所周知的紫外发射光之外新的弱长波长发射带[4]。六个月后，Hutnik等人发表了一篇反驳文章，该文章表明，此长波长荧光只是真正的色氨酸和酪氨酸在340nm和300nm处的紫外发射光的二级衍射[5]。

3.6.2 使用滤光片塔轮消除二级衍射

误认并发表二级衍射为发射峰是一个极端的例子，但更常见的问题是二级散射经常与被测量的荧光发射重叠，并干扰荧光光谱。图3-11显示了与图3-10中相同样品（Ludox/2-氨基吡啶）的发射光谱，但是激发波长为240nm并且发射光谱范围变窄。二级衍射位于480nm处，并与2-氨基吡啶的荧光尾部重叠，这影响了光谱测量的准确性。解决这个问题的方法为在单色器内部使用滤光片塔轮。滤光片塔轮是长通滤光片，它只传输大于滤光片截止波长的光。单色器内部的滤光片塔轮的原理，如图3-12所示，滤光片安装在位于出射狭缝前面的滤光轮中。当单色器设置为透射300nm的光时，旋转衍射光栅，使300nm光射向单色器的出射狭缝，并旋转滤光片塔轮，使光路中没有长通滤光片，300nm光按要求从单色器输出［图3-12（a）］。当单色器被设置为透射600nm的光时，旋转衍射光栅，使得一级衍射的600nm的光导向出射狭缝，伴随有少量的300nm二级衍射光。旋转滤光片塔轮，使得在出射狭缝的前面有一个400nm长通滤光片，其透射所需的600nm的光，同时阻挡不需要的300nm的二级衍射光［图3-12（b）］。

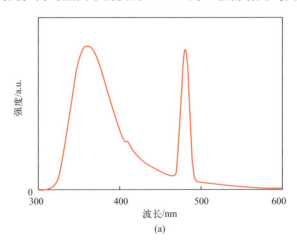

(a)

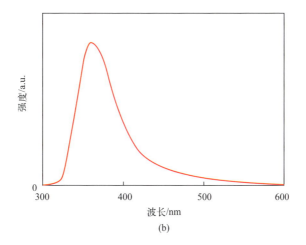

图3-11 2-氨基吡啶在240nm激发；禁用滤光片塔轮时测量的光谱（a），
启用滤光片塔轮时测量的光谱（b）

（使用FLS1000光谱仪测量光谱，并根据光栅和检测器效率的波长响应进行校正）

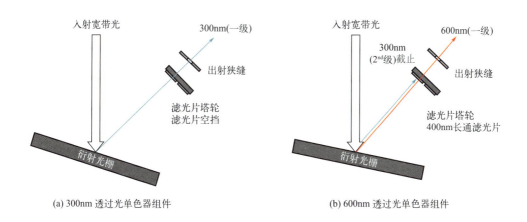

(a) 300nm 透过光单色器组件　　　　　　　(b) 600nm 透过光单色器组件

图3-12 在单色器中使用滤光片去除二级衍射的原理

使用滤光片塔轮的好处如图3-11（b）所示，使用FLS1000发射单色器的滤光片塔轮重新测量了光谱。滤光片去除480nm处的二阶衍射光，得到2-氨基吡啶的真实荧光光谱图。

爱丁堡仪器公司的FLS1000和FS5荧光光谱仪，在激发和发射单色器上都配备了滤光片塔轮。默认情况下,滤光片塔轮是启用的,并且是完全自动化的。根据FLS1000和FS5的激发波长和发射波长选择合适的滤光片。自动滤光片塔轮方便用户测量宽带荧光光谱,而不必担心二级衍射会影响测量结果。

3.7 荧光发射光谱中的拉曼散射

如图3-13所示,当样品在荧光光谱仪中被激发时,激发光的光子会发生四种过程:被样品吸收并发出荧光、透过样品、发生弹性散射或非弹性散射,后者通常被称为拉曼散射。荧光发射光谱需要防止两个散射过程对光谱的影响。

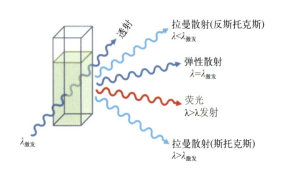

图3-13 荧光、弹性散射和拉曼散射过程

在弹性散射(根据激发光波长和散射粒子之间的相对大小,分为瑞利散射、米氏散射、几何散射)中,光子的能量是守恒的,散射光的波长等于激发光的波长。因此,弹性散射总是发生在比荧光发射光更短的波长处。通过对激发波长的合理选择(即比荧光发射的最短波长更短的波长),可以防止弹性散射对荧光光谱的影响。

在拉曼散射过程中,光子的能量是不守恒的,它们或者损失能量(斯托克斯散射）或者从散射分子的振动能量获得能量（反斯托克斯散射）。由于这种能量变化，斯托克斯拉曼散射的波长可能与荧光重叠，导致测量的光谱失真。来自荧光团的拉曼散射通常比荧光弱得多，因此当测量固体样品的荧光光谱时，拉曼散射从来不是问题。然而，当测量溶液中荧光发射信号时，情况非常不同。在溶液中，荧光团的摩尔浓度比溶剂的摩尔浓度小许多数量级。由于这种摩尔浓度的巨大差异，来自溶剂分子的拉曼散射可能与来自荧光团的荧光相当，甚至拉曼散射强度更大，这可能导致测量的荧光光谱失真。

3.7.1 什么是拉曼散射的影响

使用FLS1000测试水性PBS缓冲液（pH=7）稀释的荧光素的荧光光谱（图3-14）说明拉曼散射对荧光光谱的影响。荧光素溶液在450nm处被激发，可以看出测量的光谱在532nm处具有峰值。荧光素是一种广泛使用的分子，因此有经验的荧光光谱测试工作者会立即意识到图3-14中的光谱是不正确的。如果是未知样品的测量，测量光谱会被认为是此化合物的"真实"荧光光谱。实际上，当在450nm激发时，532nm处的峰是水的拉曼散射峰，其叠加在荧光素的荧光发射信号之上。实际上每种溶剂都有一个拉曼散射峰，这会影响或改变目标物质的真实荧光光谱。

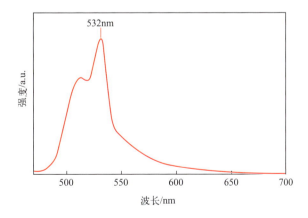

图3-14　使用FLS1000光致发光光谱仪测量的荧光素［PBS缓冲液（pH=7）］的荧光光谱

(λ_{ex}=450nm，$\Delta\lambda_{ex}$=3nm，$\Delta\lambda_{em}$=3nm)

3.7.2 如何判别拉曼散射

检查峰是荧光光谱的一部分还是拉曼散射信号的经典方法是改变激发波长。荧光和拉曼散射是完全不同的过程，并且对激发波长的改变有不同的响应。在荧光光谱中，入射光子被吸收，分子中的电子跃迁至激发态，电子在激发态停留有限的时间，然后弛豫到基态并重新发射更长波长的光子。荧光发射（几乎）总是从分子的第一电子激发态（卡莎法则）开始，因为分子从较高的电子激发态弛豫到第一电子激发态的速度比它发出荧光的速度快。荧光发射与激发波长无关，并且光谱不会随着激发波长的变化而移动。相反，拉曼光谱的产生是一种散射过程，散射光子的波长与激发光子的波长成正比。拉曼散射的波长和激发波长之间的关系如下：

$$\frac{1}{\lambda_{拉曼}} = \frac{1}{\lambda_{激发}} - \bar{v}$$

式中，$\bar{v}$ 为水的拉曼位移，大约 $3400 \sim 3600 \text{cm}^{-1}$。随着激发光波长的增加，拉曼散射的波长也将增加，这可用于区分拉曼散射信号和荧光信号。图 3-15 显示了在三种不同激发波长下测量的荧光素的荧光光谱，可以看出，峰值的波长随着激发波长的变化而移动，证明该峰是由拉曼散射产生的。如果怀疑存在拉曼散射，可以进行这种改变激发波长的测试。

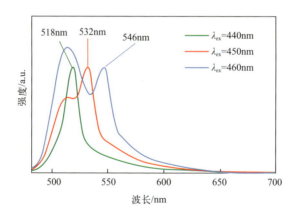

图 3-15　荧光素 [PBS 缓冲液（pH=7）] 的荧光光谱

（使用 FLS1000 光谱仪在三种不同的激发波长下测量：λ_{ex}=440nm、450nm、460nm，$\Delta\lambda_{ex}$=3nm，$\Delta\lambda_{em}$=3nm）

3.7.3 如何除去拉曼散射

荧光光谱存在由于拉曼散射而导致失真的现象，如何测量荧光素的真实光谱呢？在稳态光谱仪中有两种方法可以做到这一点。

第一种方法是降低激发波长，使得拉曼峰移动到更低的波长处，并进一步远离待测量的荧光发射峰。这种方法取决于荧光团的吸收曲线以及吸收和荧光曲线之间的斯托克斯位移。在具有窄吸收分布和小斯托克斯位移的分子中，可能不能减小激发波长到足够短的波长，以防止拉曼散射和荧光的重叠。如荧光素在400nm以下具有非常弱的吸收，阻止了激发波长减小到更低的波长。

第二种方法是测量溶液中荧光团的发射光谱，然后测量用于制备溶液的纯溶剂的发射光谱。可以从溶液光谱中减去仅含溶剂的光谱，得到荧光团的真实光谱，以除去拉曼散射信号的影响。为了使这种方法可行，两个光谱之间的测量条件需要尽可能接近，如相同的实验参数（带宽、步长、积分时间等）。此外，所用的两个比色皿应尽可能相同，以避免比色皿之间的任何透射差异。同样重要的是，两次测量中使用的激发光强度相同。大多数光谱仪使用氙灯作为激发源，氙灯的功率会随时间波动（如室内的温度漂移）。爱丁堡光谱仪配有参比检测器，以连续监控光源的强度，对测量的光谱进行激发校正，以解决测量之间或测量过程中灯强度的变化。

荧光素溶液和PBS缓冲液在450nm激发时的发射光谱如图3-16所示。可以看

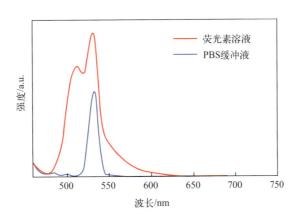

图3-16 使用FLS1000测量的荧光素溶液和PBS缓冲液（pH=7）的发射光谱

出，PBS缓冲液的光谱只有水的拉曼散射峰（532nm）。激发侧参比校正了两次测量之间激发强度的任何差异，确保两个光谱的相对强度的准确性。使用FLS1000的Fluoracle操作软件从荧光素溶液光谱中减去PBS缓冲液光谱，得到荧光素的真实光谱，如图3-17所示。

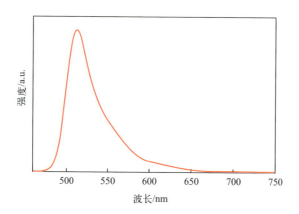

图3-17　扣除溶剂背景后，PBS缓冲液（pH=7）中荧光素的真实光谱

拉曼光谱测试实例

本节为爱丁堡RM5共聚焦显微拉曼光谱仪测试的一些实例。

3.8.1　偏振拉曼光谱

爱丁堡RM5共聚焦显微拉曼光谱仪拥有可选附件，可以调整激发光的偏振，并分析不同的拉曼散射偏振。偏振拉曼光谱信息用来研究振动模式的对称性以及晶体取向（例如单晶、多晶和各向异性材料）。

环己烷样品含有几个由对称振动产生的峰，使用退偏比表示，如图3-18所示。

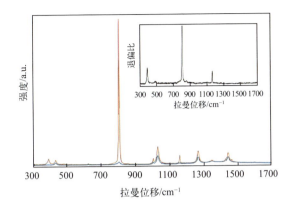

图3-18　环己烷偏振拉曼光谱（785nm激光激发）

[平行偏振强度（橙色），垂直偏振强度（蓝色），插图：退偏比]

3.8.2　SERS技术的动力学测试

表面增强拉曼散射（SERS）技术是一种增强拉曼散射信号的方法。将目标样品放在纳米级的粗糙金属表面附近或附着在其上，激发激光与金属表面的等离子体相互作用，使拉曼散射信号显著增强，如图3-19所示。

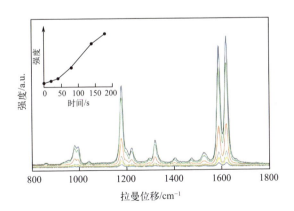

图3-19　1,2-二（4-吡啶基）乙烯负载在40nm Au纳米颗粒上的拉曼光谱

（随时间变化，显示该样品的信号强度增强）

含有合适聚集剂的金属胶体是SERS的常用材料。监控拉曼散射信号随时间的变化,可以获得达到最大信号值的时间。

3.8.3　高分辨率扩展扫描

爱丁堡RM5共聚焦显微光谱仪的五位光栅塔轮可以配备不同的光栅,用于各种测量。低刻线密度光栅在较宽的光谱范围内以较低的分辨率进行测量,高刻线密度光栅在较窄的测量范围内提供较高的分辨率。

使用扩展扫描可以获得宽范围内的高分辨率光谱。Ramacle软件将CCD数据无缝拼接在一起,创建一个包含全部信息的光谱,具有高分辨率和宽光谱覆盖范围的优势,如图3-20所示。

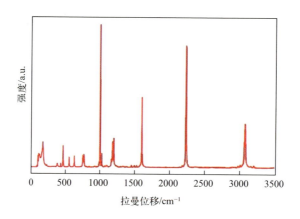

图3-20　532nm激光激发的苄腈拉曼光谱图

(多个光谱创建,得到的光谱包含6700个数据点,光谱覆盖范围为0~3500cm^{-1},分辨率为0.54cm^{-1})

3.8.4　如何减少荧光背景干扰

生物材料样品测试时,会显示出大量的背景信号(多数由荧光引起)。由于荧光需要吸收能量(或共振激发),背景信号可以通过选择合适的激发波长来控制。

RM5共聚焦显微光谱仪可以配置多达3个不同的激光器,可以通过优化激发波长，获得最佳拉曼测试结果，同时将背景干扰降至最低，如图3-21所示。

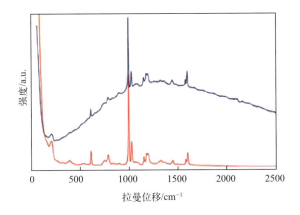

图3-21 638nm激光（蓝色）和785nm激光（红色）激发的对乙酰氨基酚药片拉曼光谱

红外光谱测试实例

3.9.1 ATR-FTIR技术在生物液体研究中的应用

衰减全反射傅里叶变换红外光谱（ATR-FTIR）是分析生物流体的一种理想技术。红外光谱记录分子键振动，可以获得生物样品的红外指纹图谱。医疗保健研究人员和临床医生关注"液体活检"（一种微创的样本收集方法）。许多生物液体，如尿液、唾液和血液，可以使用ATR-FTIR技术进行研究。利用生物液体样品之间的光谱差异，区分健康人和患者。

血液是医学诊断中应用最广泛的生物液体，它由血浆、红细胞、白细胞和血小板组成。对于光谱分析，通常使用血浆或血清，因为这两种液体可以冷冻保存。血液的冷冻过程会导致细胞破坏，血红蛋白对光谱信号影响很大。血浆是血液在抗凝管中离心分离的水溶液,而血清是通过血液凝固分离出红细胞和血小板得到的,如图3-22所示。血清更常用,因为血清的制备方法可以有效地去除红细胞。

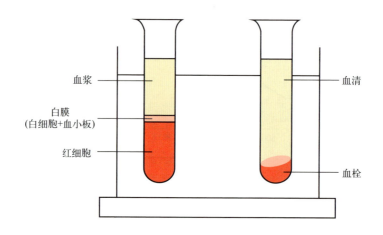

图3-22　血浆和血清

ATR-FTIR技术在中红外区域（4000～400cm^{-1}）检测生物样品（如蛋白质、脂质和氨基酸）中功能基团的基本振动,仅需要几微升的小样本量,即可快速地提供结果；同时它也是一种节约成本、易于使用的诊断方法。采用ATR-FTIR技术进行血清分析已用于许多疾病研究,如癌症、子宫内膜异位症、脑部疾病和病毒感染[6-11]。

采用ATR-FTIR技术进行生物液体样品分析时,水会对红外光谱产生影响。水的极性很强,会产生强烈的红外响应；当使用ATR-FTIR技术分析生物流体样品时,水的红外光谱掩盖了样品中的生物信息。通常,在检测生物液体时,测试者必须将样品干燥,不仅耗时,而且延长了总测试时间。更快的方法是使用加热ATR附件。通过加热样品,水分蒸发得更快,总测试时间显著减少。

人血白蛋白在室温下干燥2min（蓝色）和加热（红色）的ATR-FTIR,如图3-23所示。在室温下使用ATR-FTIR技术测量时,光谱以水的吸收峰为主,生物光谱信息被覆盖。使用加热ATR-FTIR技术可获得无水干扰的完整生物光谱。如果将样品在室温下干燥,需要超过15min的干燥时间,生物光谱才能充分显示,这大大降低了测量通量。

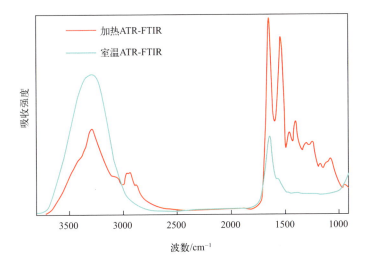

图3-23 人血白蛋白的ATR-FTIR

(蓝色：室温下干燥2min；红色：加热至50℃干燥)

ATR-FTIR技术提供了生物液体样品中生物成分的重要信息，图3-24给出了血清样本光谱的波段分布。生物红外光谱分布在两个区域：从3800~2600cm^{-1}的高

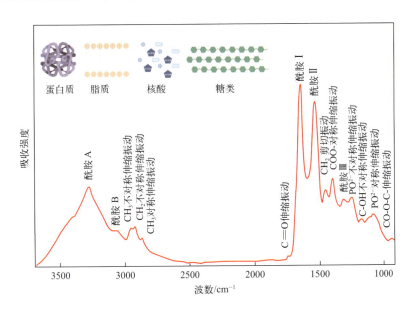

图3-24 人血白蛋白的红外光谱波段分布

波数区域,以及由双键拉伸和指纹区组成的2000~500cm^{-1}的低波数区域。低波数区域提供具有鉴别性的数据,也是最常用于诊断的区域[12]。

3.9.2 ATR-FTIR技术在塑料制品鉴别中的应用

塑料是世界上使用最多的产品之一,2020年全球塑料产量估计为3.67亿吨。塑料因生产成本低、耐用、轻便和设计自由的特点,具有诸多用途,几乎在各行各业都可以发现它们的身影,如从食品工业(包装)到电气、电子行业(绝缘)以及建筑行业的密封、包层等。然而,塑料的大量使用逐渐形成了"一次性文化",塑料污染也是最普遍的环境问题之一。防止塑料污染的一个解决方案是改善废品管理系统和回收利用。因此,根据塑料的类型,确保其适当的处理和再利用,显得至关重要。

FTIR仪是一种强大的定性和定量分析工具。当塑料吸收红外辐射时,产生的信号是代表其分子"指纹"的光谱。不同的塑料样品会产生不同的指纹图谱,可以轻松实现塑料的识别。使用配备衰减全反射(ATR)附件的爱丁堡傅里叶变换红外光谱仪IR5可识别四种不同的塑料(可生物降解袋、电子产品包装袋、软饮料瓶、果汁瓶)。

四种塑料样品的光谱以4cm^{-1}的分辨率获得,平均扫描5次,每个光谱的总采集时间约为15秒。

光谱库识别可生物降解袋样品(图3-25)为高密度聚乙烯(HDPE),匹配度为94%。HDPE是一种"纯"的PE,其聚合物链不含甲基(CH_3)侧链,仅含有CH_2基团。通过这种方式,聚合物链可以更紧密地聚集在一起,从而产生更致密的材料。位于1465cm^{-1}处的峰是HDPE的特征峰。位于2915cm^{-1}、2848cm^{-1}和719cm^{-1}处的峰,分别对应于不对称C—H伸缩振动、对称C—H伸缩振动和摆动模式下的亚甲基(CH_2)基团振动[13-15]。

电子产品包装袋的红外光谱如图3-26所示。与光谱数据库比对表明,该袋子的主要化合物为聚对苯二甲酸丁二酯(PBT)。PBT是一种热塑性聚酯材料,其成分和性能与PET相似。它比PET结晶快,主要用于汽车和电气市场的包装、工业模型。3000~2800cm^{-1}之间的吸收峰属于O—H伸缩振动,1711cm^{-1}和728cm^{-1}的较窄峰分别属于C=O和C—H伸缩振动。

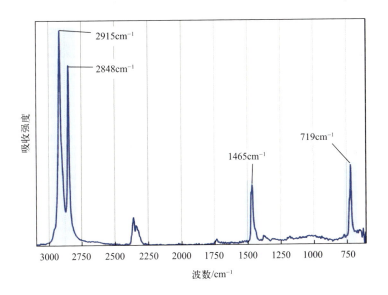

图3-25 可生物降解袋样品的红外光谱图

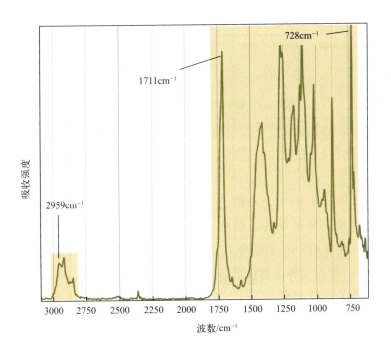

图3-26 电子产品包装袋的红外光谱图

软饮料和果汁瓶的红外光谱如图3-27所示。两个样品都被鉴定为PET，果汁瓶样品的光谱匹配度为77%，软饮料瓶样品的光谱匹配度为85%。IR5分辨出PET的特征波段分别为1713cm^{-1}（C=O伸缩振动）、1241cm^{-1}和1094cm^{-1}（C—O伸缩振动）、723cm^{-1}（芳香C—H面外弯曲振动）[16]。

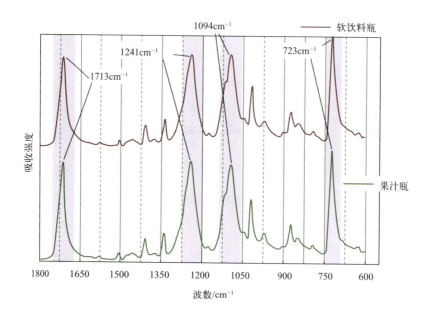

图3-27 软饮料和果汁瓶的红外光谱图

3.9.3 ATR-FTIR技术在活性药物成分的识别中的应用

在药物开发和生产中，准确、快速地鉴定有效药物成分（API）至关重要。过敏性鼻炎，也被称为花粉热，是一种普遍存在的疾病，影响了英国约10%~15%的儿童和26%的成年人[17]。抗组胺制剂拥有各种活性药物成分，用于治疗花粉热，例如三种市售片剂Piriteze®、Allevia®和Tesco Health®采用爱丁堡IR5傅里叶变换红外光谱仪+ATR附件（金刚石晶体）识别（将药片磨成细粉，放在ATR上检测。扫描30次，分辨率为4cm^{-1}，利用KnowItAll®光谱库进行比对，来鉴定原料药。）

片剂Allevia®的光谱（图3-28）显示它含有羟丙甲纤维素。羟丙甲纤维素是药物片剂中的重要成分，具有控制 API 的释放以延长药效的作用。这是抗组胺药只需要每天服用一次的原因。

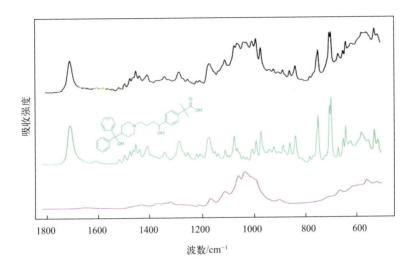

图 3-28　片剂 Allevia®（黑色）、盐酸非索非那定（绿色）、羟丙甲纤维素（紫色）的 FTIR

图 3-29 为片剂 Piriteze® 的 FTIR，识别 API 为盐酸西替利嗪。Piriteze® 含有乳糖，这是一种结晶形式的牛奶糖，具有优异的可压缩性，使片剂能够顺利消化。

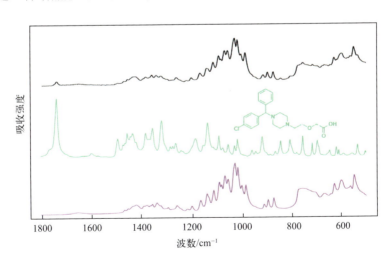

图 3-29　片剂 Piriteze®（黑色）、盐酸西替利嗪（绿色）、乳糖（紫色）的 FTIR

图3-30表明Tesco Health®片剂中的API是氯雷他定。与非索非那定相比，氯雷他定和西替利嗪的蛋白质结合率都很高，这使Tesco Health®和Piriteze®成为非常快速的过敏治疗药物[18-19]。

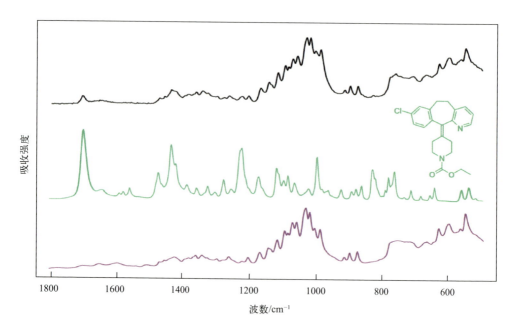

图3-30　片剂Tesco Health®（黑色）、氯雷他定（绿色）、乳糖（紫色）的FTIR

3.9.4　FT-PL技术在中红外发光材料测试中的应用

中红外光致发光（MIR PL）光谱仪（使用激光或其他光源）被广泛应用于半导体和中红外发光材料的表征。MIR光谱范围有一些不同的界定，在实践中，中红外光致发光的研究多集中在2～25μm。

含铒固体样品用爱丁堡傅里叶变换红外光谱仪IR5进行测量，如图3-31所示。样品通过2W 980nm激光激发，FT-PL信号使用液氮冷却InSb检测器检测。在激光关闭的情况下获得光谱，并从原始数据中扣除热背景效应。

在IR5中获得的样品FT-PL图谱如图3-32所示。数据采集使用0.5cm^{-1}的光谱分辨率，平均40个连续光谱信号，获得高信噪比。总采集时间为4分钟。

图3-31　FT-PL配置的爱丁堡IR5光谱仪（a）；
显示激发和发射光束路径的光致发光样品架示意图（b）

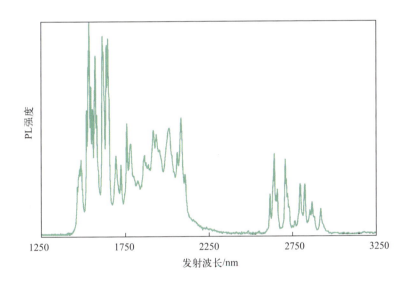

图3-32　使用IR5测试得到的铒材料红外光致发光谱图

傅里叶变换红外光谱仪IR5的FT-PL测试，仅使用扫描PL光谱仪所用时间的一小部分，可以得到高质量的MIR光致发光数据。由于将样品暴露在激发激光下较短的时间，除了显著地节约测试时间，还可以极大地减少样品的光损伤，以及中红外光致发光中经常遇到的热背景干扰。

参考文献

[1] Maystre D. Theory of Wood's Anomalies[M]. New York: Springer US, 2012.

[2] Jameson, David M. Introduction to Fluorescence [M]. New York: Springer US, 1983.

[3] Lakowicz J R. Principles of Fluorescence Spectroscopy[M]. 3rd Ed. New York: Springer US, 2006.

[4] Macías P, Pinto M C, Gutiérrez M C. Long-Wavelength Fluorescence of Tyrosine and Tryptophan Solutions [J]. Biochemistry International, 1987, 15: 961-969.

[5] Hutnik C M L, Szabo A G. Long-Wavelength Fluorescence of Tyrosine and Tryptophan: A Classic Example of Second Order Diffraction[J]. Biochemistry International, 1988, 16: 587-591.

[6] Martins T S, Magalhães S, Rosa L K, et al. Potential of FTIR Spectroscopy Applied to Exosomes for Alzheimer's Disease Discrimination: A Pilot Study[J]. Journal of Alzheimer's Disease: JAD, 2020, 74: 391-405.

[7] Pabico L J, Jaron J N, Mosqueda M E, et al. Albano PM. Diagnostic Efficiency of Serum-Based Infrared Spectroscopy in Detecting Breast Cancer: A Meta-Analysis[J]. Lab Med, 2023, 54: 98-105.

[8] Guo S, Wei G, Chen W, et al. Fast and Deep Diagnosis Using Blood-Based ATR-FTIR Spectroscopy for Digestive Tract Cancers[J]. Biomolecules, 2022, 12: 1815.

[9] Roy S, Perez-G D, Bowden S, et al. Spectroscopy Goes Viral: Diagnosis of Hepatitis B and C Virus Infection from Human Sera Using ATR-FTIR Spectroscopy[J]. Clinical Spectroscopy, 2020: 100001.

[10] Naseer K, Ali S, Qazi J. ATR-FTIR Spectroscopy as the Future of Diagnostics: A Systematic Review of the Approach Using Bio-Fluids[J]. Applied Spectroscopy Reviews, 2020: 1-13.

[11] Kokot I, Mazurek S, Piwowar A, et al. ATR-IR Spectroscopy Application to Diagnostic Screening of Advanced Endometriosis[J]. Oxid Med Cell Longev, 2022.

[12] Rohman A, Windarsih A, Lukitaningsih E, et al. The Use of FTIR and Raman Spectroscopy in Combination with Chemometrics for Analysis of Biomolecules in Biomedical Fluids: Areview[J]. Biomedical Spectroscopy and Imaging, 2020, 8: 55-71.

[13] Smith B C. Electromagnetic Radiation, Spectral Units, and Alkanes [J].Spectroscopy, 2015: 30.

[14] Smith B C. The Infrared Spectra of Polymers Ⅱ: Polyethylene [J]. Spectroscopy, 2021: 24-29.

[15] Smith B C. The Infrared Spectra of Polymers, Part I: Introduction [J]. Spectrosc. (Santa Monica), 2021, 36: 17-22.

[16] Jung M, Horgen F D, Orski S V, et al. Validation of ATR FT-IR to Identify Polymers of Plastic Marine Debris, Including Those Ingested by Marine Organisms [J]. Marine Pollution Bulletin, 2018, 127: 704-716.

[17] Scadding G K, Durham S R, Mirakian R, et al. BSACI Guidelines for the Management of Allergic and Non-Allergic Rhinitis [J].Clinical & Experimental Allergy, 2010, 38: 19-42.

[18] Chen C. Physicochemical, Pharmacological and Pharmacokinetic Properties of the Zwitterionic Antihistamines Cetirizine and Levocetirizine [J]. Current Medicinal Chemistry, 2008, 15: 2173-2191.

[19] Smith S M, Gums J G. Fexofenadine: Biochemical, Pharmacokinetic and Pharmacodynamic Properties and Its Unique Role in Allergic Disorders [J]. Expert Opinion on Drug Metabolism & Toxicology, 2009, 5: 813-822.